智能光电信息处理与传输技术丛书

GNSS电离层扰动
精确表征模型与应用

杨　恒　余艳丽　杜得荣　著

中国科学技术大学出版社

内 容 简 介

本书结合全球卫星导航系统(GNSS)应用背景,阐述了行进式电离层扰动(TID)的基本概念和特性、GNSS 多 TID 同时传播模型建构的基本原理与论证,并应用模型介绍了 2011 年日本春分日季节性中尺度 TID 传播参数特征、2017 年北美日全食电离层 TID 响应与多尺度参数特征以及 2011 年日本大地震电离层地震海啸特征与海啸预警可能性的研究成果。

本书适合从事卫星导航电离层扰动监测与建模研究的科研人员和工程技术人员参考,也可供相关专业的研究生和高年级本科生阅读。

审图号:GS(2022)5358 号

图书在版编目(CIP)数据

GNSS 电离层扰动精确表征模型与应用/杨恒,余艳丽,杜得荣著. —合肥:中国科学技术大学出版社,2022.12
（智能光电信息处理与传输技术丛书）
ISBN 978-7-312-05556-0

Ⅰ. G… Ⅱ. ①杨… ②余… ③杜… Ⅲ. 卫星导航—全球定位系统—应用—电离层探测—研究 Ⅳ. P352.7

中国版本图书馆 CIP 数据核字(2022)第 241476 号

GNSS 电离层扰动精确表征模型与应用
GNSS DIANLICENG RAODONG JINGQUE BIAOZHENG MOXING YU YINGYONG

出版	中国科学技术大学出版社
	安徽省合肥市金寨路 96 号,230026
	http://press.ustc.edu.cn
	https://zgkxjsdxcbs.tmall.com
印刷	安徽国文彩印有限公司
发行	中国科学技术大学出版社
开本	710 mm×1000 mm　1/16
印张	9.5
字数	201 千
版次	2022 年 12 月第 1 版
印次	2022 年 12 月第 1 次印刷
定价	78.00 元

前　　言

电离层的电子密度波状结构扰动,是频繁影响全球导航卫星系统(GNSS)精确处理的小尺度延迟分量之一。利用这种效应,可将广泛部署的 GNSS 观测站作为全球电离层传感器来进行观测。本书的研究涉及电离层此类扰动的探测和表征,并将其应用于由自然事件引起的行进式电离层扰动(TID),特别是找出圆形 TID 和海啸之间的关系。该探测和表征是通过区域去趋势垂直总电子含量(VTEC)观测数据完成的,源于一组 GNSS 卫星到地面观测站视线路径上的斜向电离层延迟。从数学和信号处理的角度来看,电离层波的检测表征存在两个难点:① 电离层 GNSS 采样是非均匀的,即具有不同的采样密度,在某种程度上反映了 GNSS 地面观测站的分布;② 估计方法不能对 TID 的数量及其传播参数引入任何约束。

本书的具体研究内容如下:

首先,我们提出了一种方法,从经过高通滤波的 VTEC 地图的时间序列中检测同时发生的 TID 数量及其传播参数。该方法被称为 TID 原子分解检测器,即 ADDTID,在日本大型密集 GNSS 网络(全球定位系统地球观测网 GEONET)的模拟 TID 场景中进行了测试。ADDTID 的主要贡献是可从电离层穿刺点 IPP 的非均匀采样中检测到独立 TID 的确切数量。该问题的解算模型被设定为从横跨可能的 TID 线性空间的原子字典中估计具有代表性的 TID 扰动,其估计方案是通过改进的最小绝对收缩和选择算法 LASSO 的稀疏分解完成的。这些原子由平面波组成,其特点是波长、方位角和相位定义在同一个模型化的电离层二维平面上,即在 GNSS 网络观测区域内基于单层或多层电离层模型投影的某高度水平区域。其地球物理学贡献显示,ADDTID 可探测到几个同时存在的具有不同特征的行进式电离层扰动,且其传播速度持续变化。

其次,我们将 ADDTID 应用于实际观测的去趋势 VTEC 数据,这些数据来自日本 GEONET 网络,超过 1200 个地面观测站收集的双频全球定位系统 GPS 观测数据。基于 ADDTID,研究了 2011 年 3 月 21 日日本地区春分日期间的中尺度 TID。在地球物理学方面的特色贡献为:① 检测到与特定地震时间和位置相匹配的圆形中尺度 TID 波;② 两个不同的中尺度 TID 同时叠加,其方位角几乎相同;③ 夜间存在速度范围在 $400 \sim 600 \ \mathrm{m/s}$ 的快速中尺度 TID。这些结果可以在去趋势 VTEC 地图的时间演变序列中得到直观验证。需要强调的是,此研究证实了 ADDTID 具备检测表征低幅度和短时传播的中尺度 TID 事件的能力。

再次,我们提供了受 2017 年 8 月 21 日北美日全食驱动的多尺度 TID 的详细演变特征。在该日全食事件中,本影产生于太平洋,快速穿过美国,最后在大西洋消失。该分析也是通过 ADDTID 模型完成的。与月影冷却效应直接产生的冲击波相比,日全食产生的这组 TID 扰动具有更丰富、更多样的行为。这在一定程度上可以被模拟成日全食的本影和半影,且它们是移动的圆柱体,与弯曲表面以不同的仰角相交。这种投影产生了形状类似于椭圆的半影区域,其中心和焦点都不同。其结果反映在日全食产生的 TID 波长的时间演变上,它取决于本影中心的太阳天顶角,同时也反映了双弓形波现象,即弓形波提前产生于本影。结果表明,扰动的出现和日食过境的延迟与扰动的不同起源有关。最后,我们检测到一个清晰的中尺度 TID,它出现在半影之前,被假设为与弓波相关的孤子波。

最后,我们描述了 2011 年 3 月 11 日日本东北大地震期间产生的 TID 复杂传播特征。应用 ADDTID 对 TID 传播参数的高精度估计,将使其更容易区分不同的来源,特别是符合地震海啸驱动的声学重力波的特征。这种方法不假定扰动遵循圆形的传播模式,可通过海啸波阵面的传播模式和相关 TID 来估计位置。通过 ADDTID 模型,我们描述了:① 同时发生的不同特征 TID,其检测对扰动的波前曲率和估计参数的准确性是稳健的,慢速 TID 传播参数与海啸波形测量结果一致;② 震中西侧和东侧 TID 波峰不同,且在时空特征上与海啸呈现高一致性;③ GNSS 观测区域内海啸驱动的圆形 TID 的完整演变;④ 与地震声波有关的快速而短暂的圆形 TID 事件;⑤ 一组快速向西的平面 TID 构成的伪震前活动;⑥ 近海海啸波前位置估计以及用作早期海啸预警的可能性研究。最后,介绍了以前未报道过的扰动和应用于本地实时海啸检测的巨大潜力。

本书对电离层类波扰动的检测与表征方法及其应用进行了探讨,主要内容可供研究生与相关科研人员参考。由于笔者水平有限,错误与疏漏之处在所难免,真诚希望广大读者批评指正。

杨　恒

2022 年 9 月

目　　录

第1章 绪 论

1.1 研究背景

本书讨论了电离层扰动的探测表征模型和电离层扰动特征与驱动源的关系。电离层扰动的类型多种多样,其主要表现形式之一是波。众所周知,电离层扰动可以以波的形式传播,并且有着不同的起源。每个起源都有一个特定的特征,它描述了波前的形状和扰动的类型,如波长、周期、速度、方位角等。根据起源的不同,扰动类型的表现方式不仅受到电离状态的影响,也受到电离层变化动态的影响[1]。

本书研究的重点是检测和表征进行式电离层扰动 TID,使用的方法是利用全球导航卫星系统 GNSS 进行测量。TID 是等离子体密度波动的一种表现形式,可以从全球导航卫星系统 GNSS 信号(如全球定位系统 GPS、北斗卫星导航系统 BDS 信号)延迟的总电子含量(TEC)中推断出来。这提供了对去趋势 TEC 随高度和位置变化的估计。因此,从某一地区的 GNSS 观测站测得的信号使我们能够确定电离层的状态和在某一时刻存在的扰动。尽管 GNSS 观测站和导航卫星的密度既不均匀也不高,但在有足够站点的地方,可以给出四维(三维+时间)去趋势 TEC 的良好估计。从信号处理的角度来看,这种估计是非常困难的,因为它涉及对波的估计,其中可能存在的波的数量是未知的,而且采样是不均匀的,特别是在那些测量密度较大的方向和没有测量的区域。本书的主要目的是开发一种工具,允许在这些条件下估计 TID,确保偏差最小。为此,在提出的结果中,我们将模型自动检测的结果与可视化去趋势地图直接进行比较,从而检查该方法的可靠性。

研究的第二个目标是在一些典型案例上测试所开发的模型,如在日本大规模密集 GPS 网络中描述某一天的 TID 传播,描述日全食期间 TID 类型以及研究地震海啸驱动的 TID 特征。请注意,从信号处理的角度来看,测量电离层状态的 GPS 观测站的地理分布、日本上空的 TID 检测表征是具有挑战性的。从这个意义上说,观测站的密度与岛屿的形状一致,而且网络的长度与宽度比例不同,这直接影响了 TID 波长的分辨率。此外,建模质量还取决于 TID 传播方向。一个重要的发现是,有些 TID 在方向和延迟上与地震学起源显示出一致性。在日全食期间通过对扰动的测量,我们发现了尚未报道的不同 TID 现象,这可能与早期孤子波有关。最后,我们在地震驱动的海啸事件中测试了该算法,发现与海啸出现有关的扰动有一个清晰的结构,它能够提供在 Keogram 图中没有出现的信息。请注意,海啸实际上还有其他的起源,比如由山坡坍塌引起的日内瓦湖巨型海啸[2]等。从现象间的时间一致性中,即事件发生时间和扰动传播时间的关系中,如日全食本影中心、地震震中或海啸波前与 TID 间的关系,可推断出可能的因果关系,并可尝试用数学物理模型来解释。在这些工作中,我们用算法所做的表征结果来检验对扰动的理论解释。

一些自然现象,如日食、地震或海啸,在电离层中产生波,在这些情况下主要为圆形波。这些在电离层中的出现波时有一定的延迟,这可以用不同的物理起源来解释,我们将在本书中详细讨论和描述。这些波可以通过覆盖大面积地理区域的密集观测站网络来测量和表征,例如拥有约 2000 个观测站的美国 CORS 网络或拥有约 1200 个观测站的日本 GEONET 网络。对于其他产生 TID 的自然现象,如火山爆发和热带风暴,我们将在未来的工作中研究。

研究的一个特别有价值的观点是对 GNSS 网络的测量结果进行 TID 建模、识别和确定,其模型和表征结果可用于全球 TID 事件实时监测预警。

一个值得更多研究的开放性问题是电离层波的发生和实际来源,这些电离层波在一些自然事件(如海上发生的地震)发生后被检测到。它们是否与海洋本身有关? 它们是否与新诱发的自然事件如海啸有关? 或两者都有吗? 澄清这一点可以为新的、更有效和更经济的自然事件预警系统铺平道路。在这方面,本书将系统描述笔者在信号处理和全球导航卫星系统方面的综合经验,包括电离层波(如中尺度 TID,简称 MSTID)的建模,可为相关研究提供一定参考[3]。这些结果与文献中的解释和预测一致,详见书中各章节讨论的部分所概述的内容。

1.2 研究目标

本书的研究目标可以概括为开发一种模型,以确定某些地区的 TID 数量及其特征。我们从两个角度介绍结果：一方面是我们开发的模型所检测到的特征，另一方面是利用去趋势 VTEC 地图，以验证扰动的存在和特征的一致性。必须强调的是，模型给出的测量值与地图上的近似测量值是一致的，并提供了更大的分辨率和可靠性。除了结果，我们还讨论了与产生扰动的现象有关的文献（如太阳/地磁活动、大气引力波、日食、地震或海啸），并检查了文献中的解释与模型检测到的不同特征的一致性，如强度、速度、延迟等。

检测独立扰动的数量以及其特征的工具是基于信号处理和优化的，允许处理来自 GNSS 信号网络的测量。模型的设计还考虑了非均匀采样以及 GNSS 站网任意几何形状的现实挑战。我们把这个同时多 TID 建模的工具称为 TID 的原子分解检测器（ADDTID）。

这个模型使我们有可能收集关于电离层动态的新知识，特别是突发自然事件如日食、地震海啸与电离层波之间的关系。我们介绍了在几个问题上开发的新算法的结果，如电离层扰动的行为，春分时的季节性 MSTID，由中等地震海啸引起的多尺度 TID 以及日食期间出现的复杂变化尺度电离层扰动场景。

目前可实施的 ADDTID 是一个回顾性工具。此外，进行实时操作也是可行的，实时实施是本研究继续进行下去的一部分。这种实时实现将使 ADDTID 模型能够用于海啸的早期预警，也能在未来为提高 GNSS 定位精度作出贡献。

1.3　行进式电离层扰动的原子分解检测器

行进式电离层扰动的原子分解检测器（ADDTID）[4]，可以通过密集的 GNSS 观测站网络（如具有约 2000 个观测站的美国 CORS 网络或具有约 1200 个观测站的日本 GEONET 网络）的数据，检测和描述来自电离层穿刺点 IPP 的 TID。该模型是基于使用包含研究区域的可能波的字典。估算是通过解决一个带有正则化项的稀疏凸优化问题，在字典元素的跨度范围内对 IPP 样本进行近似估计。该解决方案是稀疏的，即使用范数 l_1 解决方案估算在字典所跨越的子空间中具有最小数量的有效元素。因此，检测到的 TID 是字典中最接近 IPP 观测值的有效元素。以这种方式解算问题的优势在于不必假定待检测 TID 波的数量和特征。其次，作为估计问题最具挑战性的方面，该算法可以在非均匀空间采样的情况下工作，包括存在观测站密度较高的子区域，或者网络中缺乏观测站的区域。

1.3.1 方法论

为了描述各种来源和行进式电离层扰动 TID 之间可能存在的关系,ADDTID 模型使用的基本方法主要包括:

(1) 去趋势 VTEC 地图生成模型;

(2) TID 波传播模型生成和论证;

(3) 估算模型设计和论证;

(4) 构建字典、损失函数、正则化和估计标准;

(5) 改进的最小绝对收缩和选择算子 LASSO 解算方案;

(6) TID 确定和参数估计。

1.3.2 工作脉络

本工作主要围绕以下几个研究课题展开:

(1) GNSS 多 TID 同时传播模型 ADDTID 建构与论证;

(2) 2011 年日本春分日季节性中尺度 TID 传播参数特征研究;

(3) 2017 年北美日全食电离层 TID 响应与多尺度参数特征研究;

(4) 2011 年日本大地震电离层地震海啸特征与海啸预警可能性研究。

第2章 GNSS 多 TID 同时传播模型 ADDTID 建构与论证

2.1 概　　述

电离层是地球大气层中由自由电子群定义的区域,位于地面以上空 $50\sim1000\ km$ 的高度。电子密度最频繁的波状结构一般被称为中尺度行进式电离层扰动(MSTID),在最大值太阳周期条件下呈现出多达几个总电子含量单位 TECU 的变化($1\ TECU=10^{16}\ e/m^2$,相当于 L_1 GPS 信号中约 $16\ cm$ 延迟)。MSTID 在时间和空间的变化方面具有不同的特性。通常,发生在中纬度地区 MSTID 的特征是周期在 $15\sim60\ min$ 之间,水平波长在 $50\sim300\ km$ 之间,速度在 $100\sim300\ m/s$ 之间,在当地秋冬季节的白天主要向赤道传播,在当地春夏季节的夜间向西传播[5-6]。它们的起源包括大气重力波响应[7]、太阳晨昏线变化[6]、珀金斯(Perkins)不稳定性[8]、半球耦合效应[9]等。尽管与背景电子密度相比,MSTID 扰动尺度相对较小,但可通过在电离层区域受影响的电磁波中观察到对其显著的影响。特别是 GNSS 信号,如 GPS 信号等,会受到与 MSTID 相关的电子密度时空变化延迟影响。利用这种效应,可将广泛部署的 GNSS 信号观测站作为全球电离层传感器(或"电离镜")来检测和描述 MSTID[3]。与其他更关注于电离层细节和局部特征的技术,如低频阵列(LOFAR)[10]、OI 630.0 nm 全天空图像[11]和振幅调制(AM)无线电传输[12]形成对比,使用已存在的大规模 GNSS 观测网络研究不同尺度电离层的好处是显而易见的。

之前的 GNSS 探测 MSTID 研究包括 Hernández-Pajares,Hocke 与 Hunsucker 等人报道的在近地空间固定高度的电离层薄壳上基于水平平面波模型的电离层扰动[5-7]。另外,Chen,Lee 与 Ssessanga 等人通过对大型密集 GNSS 网络的电离层进行计算机断层扫描,估计出了电子密度的三维结构,用于模拟可变高度的

MSTID[13-15]。使用 GNSS 网络作为源数据，Saito 与 Tsugawa 等人展示了典型的白天和夜间 MSTID 波的高分辨率二维图谱及其特性[16-19]。上述二维图谱已经被其他观测技术所验证，例如 OI 630.0 nm 全天空成像仪[20] 和 SuperDARN 高频雷达[21]。Ding 和 Huang 等人提出了新的方法，即使用交叉光谱法从 GPS TEC 系列中获得 MSTID 参数[22-23]。Deng 等人也报道了通过频谱分析技术从二维地图的去趋势 VTEC 剖面的一维空间计算出独特的 MSTID 平面波的参数[24]。

除此之外，Hernández-Pajares 系统地提出了一种利用 GNSS 数据表征 MSTID 的方法[3,6,25]，这是一种全面高效的 GNSS 电离层干涉测量方法，假设从几个相邻的 GNSS 观测站的接收信号中得到一个最主要的 MSTID 平面波，并估计其参数特征。这种方法在每个历元分别计算其瞬时的波参数（即速度、方位角和波长），它们在从移动导航卫星到固定观测站的斜向电离层视线路径上。但该方法与其他典型方法存在类似的一个限制，就是检测过程中只估计了最主要的 MSTID 波参数。实际上，除最主要 MSTID 外，其他 MSTID 事件是有可能同时发生的，并且这些 MSTID 可能有着不同的起源和参数。

在这项工作中，我们提出了一个多 TID 波参数估计模型，用于检测同时存在的 MSTID 数量和每个扰动事件相应的传播波参数。这种方法，我们称为 TID 的原子分解检测器，包括：

（1）构建去趋势 VTEC 地图时间序列。这是从密集但不均匀分布的 GNSS 站网络观测数据中完成的，如日本 GEONET 网络或美国 CORS 网络。

（2）该方法还包括构建一个冗余字典，这个字典由一组可能的元素组成，这些元素是在去趋势 VTEC 地图上传播的所有可能的 MSTID。字典集的势将比其空间维度高得多，用于重建观察到的去趋势 VTEC 地图。字典的元素由所有理论上可能的电离层扰动平面波快照组成。

（3）该方法从冗余字典的一个小的字典子集对观察的去趋势 VTEC 地图进行稀疏重建。其解算方案是通过解决一个基于 l_1 和 l_2 范数的优化问题来实现的。字典所选中的元素数量将给出所存在的 TID 数量估计以及每个 TID 的属性，即振幅、方位角、波长、周期和速度等。在此方案中，用于稀疏重建的技术是基于原子分解[26] 和最小绝对值收敛和选择算子（Least Absolute Shrinkage and Selection Operator，LASSO）[27] 的思想完成的。

2.2　去趋势 VTEC 地图生成技术

电离层组合(Ionospheric Combination)L_I,也称为无几何距离组合(Geometry Free, GF),是由 L_1 和 L_2 之间的载波相位差计算得出的,以距离为单位。它是斜向总电子含量(STEC)的仿射函数,即从导航卫星 j 到观测站 i 视线路径上电离层的总电子数量[28],在每个采样时间 t,给出如下关系式:

$$L_{Ii}^{j}(t) = L_{1i}^{j}(t) - L_{2i}^{j}(t) = \alpha S_{i}^{j}(t) + B_{Ii}^{j}(t) + w_{i}^{j}(t) \qquad (2.1)$$

其中,α 为线性系数,其近似值为 0.105 m/TECU;$w_i^j(t)$ 为相位缠绕项,源于导航卫星和观测站天线之间的相对旋转,通常为厘米级,可通过相关模型进行快速校正和评估[29];$B_{Ii}^j(t)$ 是偶然时变的偏差项,主要包括由未知整周期载波波长、非整数导航卫星和观测站相关项组成的载波相位模糊度,这一般是由测站接收机失锁,即周跳导致的。一般来说,当没有新的周跳发生时,偏差 $B_{Ii}^j(t)$ 几乎保持不变,因此,我们可将 $L_{Ii}^j(t)$ 分成由周跳分隔的独立子时间序列。斜向总电子含量 $S_i^j(t)$ 代表电离层昼夜变化状态和导航卫星仰角变化等趋势,其特点是频率极低,能量非常高。而典型 TID 波形特征由频率较高、能量较低的成分组成,两者形成鲜明对比。在我们的工作中,与 TID 有关的分量与趋势分量的分离是对测量的 $L_{Ii}^j(t)$ 的时间序列采用经典的双重差分法[6]完成的,并将其表示为 $\tilde{S}_i^j(t)$。此去趋势技术的实际工作原理为带通滤波器,可高效地去除显著的斜向电离层趋势项。另一方面,在各独立子时间序列中,偏差项 B_{Ii}^j 可以被认为是常数,因此也可以通过双重差分法进行消除:

$$\tilde{S}_i^j(t) \approx L_{Ii}^j(t) - \frac{1}{2}\left[L_{Ii}^j(t+\Delta t) + L_{Ii}^j(t-\Delta t)\right] \qquad (2.2)$$

其中,Δt 是去趋势时间间隔,需进行预设定,例如可被设为 300 s,其作用是可显著增强双差分技术通频带与中尺度 TID(MSTID)频率特征的高度相关性。基于薄壳球形电离层模型位于平均有效高度(一般指平均 MSTID 活动高度)上的假设[30],利用在电离层中的斜向视线路径,可以通过映射函数 $M(t)$ 从 STEC 近似计算出 VTEC。同时,为了减少映射函数误差的影响,卫星仰角小于 30° 的观测数据被排除。我们将投影后的去趋势 VTEC $\tilde{V}_i^j(t)$ 定义为 $\tilde{S}_i^j(t)$ 通过映射函数 $M(t)$ 的

投影[31]，即有

$$\widetilde{V}_i^j(t) = \frac{\widetilde{S}_i^j(t)}{M(t)} \qquad (2.3)$$

2.3 电离层 TID 活动地图构建模型

在我们的模型中，从导航卫星 j 和观测站 i 的去趋势 VTEC $\widetilde{V}_i^j(t)$ 包含了电离层穿刺点（IPP）的 TID 信号，该穿刺点位于我们假设 TID 发生的平均有效高度的薄壳上。与在全球电离层地图（GIM）的 VTEC[30-32] 相比，本工作研究的去趋势 VTEC 地图在更小的范围尺度内，以更高的时空分辨率重建电离层 TID 活动地图，并生成地图的局部时间序列快照，可参考文献[18-19]。

我们将观测到的去趋势 VTEC $\widetilde{V}_i^m(t)$ 集合表示为 $\widetilde{V}_i^m(\varphi, \lambda, t)$，见方程（2.4），即 IPP 地理纬度 φ、地理经度 λ 和采样时间 t 的函数。这个集合的构造规则为：对于每个导航卫星 m 和每个观测站 i，我们创建一个 IPP 的测量列表 $\widetilde{V}_i^m(\varphi, \lambda, t)$。注意，与前述一致，这里只选取了仰角大于 30° 的导航卫星观测数据。为保证建模质量，选择过滤器是仅选择了具有超过 1000 个 IPP 的 TID 活动图的采样时刻。由此，在此模式下，大约有超过 80% 的潜在 IPP 测量值是可用的。因此

$$\widetilde{V}^m(\varphi, \lambda, t) = \left[\widetilde{V}_1^m(\varphi, \lambda, t), \cdots, \widetilde{V}_i^m(\varphi, \lambda, t), \cdots, \widetilde{V}_N^m(\varphi, \lambda, t) \right] \qquad (2.4)$$

在图 2.1 中，我们展示了日本 GEONET 网络的 GNSS 观测站分布，见绿色散点分布。除此之外，所有可观测卫星的去趋势 VTEC 集合 $\widetilde{V}^m(\varphi, \lambda, t)$ 相关的 IPP 位置，按照每个卫星的颜色代码描绘在基于电离层薄壳模型的 TID 有效高度上。请注意，每颗卫星的 IPP 集合是不同的，这是模型估计问题的难点来源。因为估计必须从非均匀的二维观测分布中进行，且空间密度是可变的。此外，不同的卫星仰角也会带来观测信号不同的信噪比。针对 GNSS 观测站网络，同一导航卫星的斜向电离层视线距离视为近似平行的，而各卫星间的电离层视线路径集不同且具有时空变化特征。因此，观测到星间的去趋势 VTEC 信噪比、幅度范围等是不一致的。为了改进估计过程，对每颗卫星 m 的地图 $\widetilde{V}^m(\varphi, \lambda, t)$ 分别进行归一化处理，并对 95% 分位数以上的数值赋予 1.0，对 5% 分位数以下的数值赋予 0.0。对数据进行上、下修剪的目的是为了不因离群值而使整体尺度出现偏差。每个卫星去趋势 VTEC 集的归一化比例都是独立的。为了简化符号标识，此后，卫星 m 在采样时

间 t 的 MSTID 活动图 $\tilde{V}^m(\varphi,\lambda,t)$ 将被表示为 $\tilde{V}(\varphi,\lambda)$。

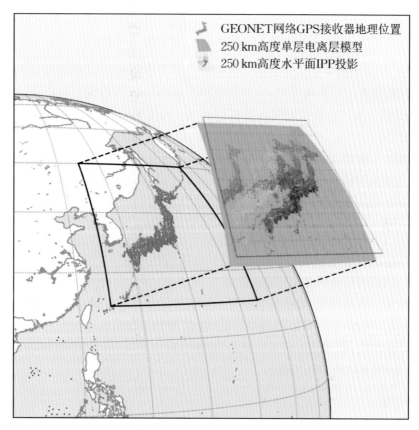

图 2.1 日本电离层 TID 活动地图构建模型示意图

（以日本 GEONET GNSS 网络的 IPP 地图为例）

变量集 $\tilde{V}(\varphi,\lambda)$，表现为一张二维地图，描述了去趋势 VTEC 的局部时间变化。这个地图的位置信息可以从地理经纬度坐标 (φ,λ) 转换为在二维地图上更加直观的平面坐标 (x,y)，即该地图可表示为 $\tilde{V}(x,y)$。其转换方法是通过将电离层穿刺点 IPP 的坐标从地理坐标系（即纬度 φ，经度 λ，高度 h）转换为以 GNSS 网络中心为参考点的东北天坐标系 (E,N,U)。这些东北天坐标 (E,N,U) 被投影到平面上即为平面水平坐标 (x,y)。尽管地理坐标系的球形截面通过平面近似会不可避免地引入一个误差，但这个误差可通过设置穿刺点 IPP 集的质心为东北天坐标参考点而最小化。

此外，图 2.1 还描述了用切平面局部逼近电离层薄壳模型弯曲表面的失真情况。在本工作中,IPP 区域范围定义为北纬 $25°\sim50°$,东经 $125°\sim155°$。若用方程描述图 2.1 中切平面近似球面曲度的误差程度,即

$$ERROR = (R+h) \cdot \left(\tan \frac{\alpha}{2} - \frac{\alpha}{2} \right) \tag{2.5}$$

其中,R,h 分别是地球半径和电离层薄壳模型 IPP 所在高度,α 是矩形区域的每条边所对应的角度。在本案例中,沿赤道方向在 1488 km 的范围内有约 24 km 的误差,误差率约 1.61%,沿子午线方向在 1786 km 的范围内有 42 km 的误差,误差率约为 2.35%。

从图 2.1 来看,在给定时刻 t,IPP 在有效高度上的去趋势 VTEC 集 $\tilde{V}(x,y)$ 以非均匀二维采样描绘了平面地图。由此,将每个采样点建模为处在 IPP 坐标上的克罗内克 δ(Kronecker deltas)函数的线性组合:

$$\tilde{V}(x,y) = \sum_{(x_i,y_j) \in I_{x,y}} \alpha_{i,j} \delta(x-x_i, y-y_j) \tag{2.6}$$

其中,$I_{x,y}$ 是 IPP 的坐标集 (x_i,y_j),即连接观测站和导航卫星的视线在有效高度上的坐标,系数 $\alpha_{i,j}$ 与坐标集 $I_{x,y}$ 的去趋势 VTEC 成比例。该地图的不均匀采样源于卫星的电离层穿刺点 IPP,每个卫星与一组 IPP 点集关联。如前所述,同一卫星的斜向电离层视线距离视为是近似平行的,各组 IPP 点集模仿了观测站网站在有效高度的投影形状,如图 2.1 所示。此外,信噪比取决于卫星相对于观测站天线的高度仰角,30°仰角掩码用于本模型。

2.4　TID 检测与表征模型基本原理

在本工作中,TID 检测与表征模型要解决的主要问题为:从具有非均匀采样和时空变化信噪比的去趋势 VTEC 地图中,检测和描述一组未知数量且同时发生的 TID 及其传播特性。除了不规则和不均匀的空间采样外,该模型应具有处理与观测站地理分布有关的方向性偏差的能力,例如在本模型测试案例中,这种方向性偏差表现在日本 GNSS 观测站网络 GEONET 分布与该国基本地理特征一致(从西南到东北)上。因此,TID 检测与表征模型构建应考虑以下几点:

(1)事实上,通过直接观测,MSTID 信号的基本结构有时会显示为几个平面波的叠加[6],图 2.2 中(a)~(d)显示了由几个相似振幅的波产生的 TID 扰动形态。

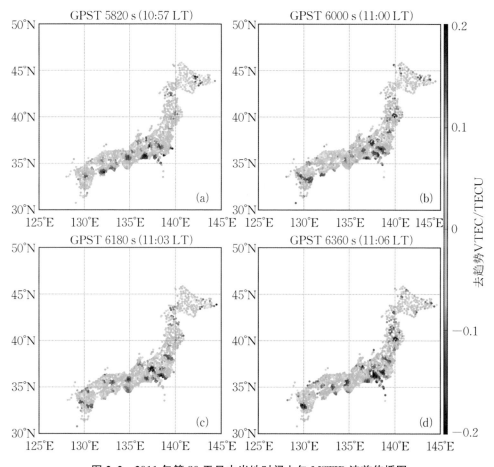

图 2.2　2011 年第 80 天日本当地时间上午 MSTID 波前传播图

注:图(a)~(d)分别是 GPS 卫星伪随机噪声码编号(PRN)5 相关的 GEONET 网络去趋
　　势 VTEC 地图,时间分别是 10:57 LT(地方时)、11:00 LT、11:03 LT 和 11:06 LT,
　　GPS 历元 5820 s、6000 s、6180 s 和 6360 s,单位为 TECU。

（2）估算过程的复杂性。第 3.6.5 节将讲到,模型的每个额外参数都会导致优化问题的复杂度增加,这与定义字典原子波参数可能范围数量的乘积成正比。因此,我们将模型限定为平面波。当然,在理论上,模型对其他特征类型如圆形波的支持是可行的,若直接从模型构建和解算的角度看,问题的计算更加困难,这将在未来的研究中考虑。

（3）模型案例中的日本 GEONET 接收机网络随日本地理位置形成了一个被拉长的区域,这将在波参数的估计中引入偏差。例如,在图 2.3（a）～（d）中,观察

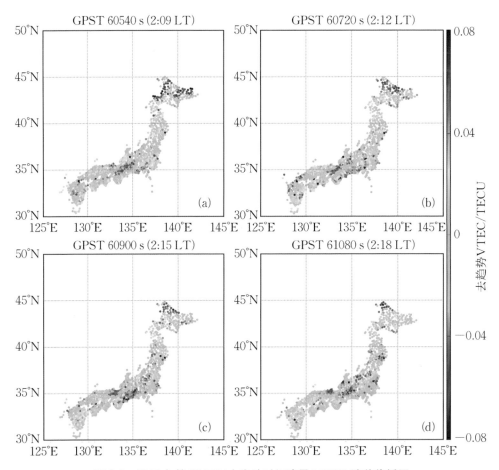

图 2.3 2011 年第 80 天日本当地时间凌晨 MSTID 波前传播图

注:图(a)～(d)分别是 GPS 卫星 PRN 7 相关的 GEONET 网络去趋势 VTEC 地图,时间
　　分别是 2:09 LT、2:12 LT、2:15 LT 和 2:18 LT,GPS 历元 60540 s、60720 s、60900 s
　　和 61080 s,单位为 TECU。

到特定波的周期数取决于方位角。

综上所述，在模型构建中，我们把模型限制为有限数量的平面波同时传播过程。

2.5　模型解算方法可行性论证

在开发出 ADDTID 模型的解算方案之前，我们试图通过典型思路将 TID 活动地图转化为规则的网格二维阵列点，从而实现通过 TID 估计的方式来解决非均匀采样问题。对以下技术均进行了探索：

1. 基于二维低通滤波的平面插值方法

我们探索了不同的二维平面滤波方法，其中包括线性滤波、中值滤波和形态学滤波等。最终，二维滤波方法被舍弃，这是因为，二维低通滤波只允许对波前特征进行局部建模，但多个 MSTID 的存在引起了不同空间模式的形态，而且这些形态是不规则的，这将不允许二维低通滤波对不同的波特性进行明确的检测。此外，由于非均匀采样的影响，滤波图像的振幅将被调制，则会出现错误的检测。这是因为调制与观测站网络的不同密度有关，从而引入了虚假的空间频率，在 GEONET 网络的案例中，这种空间频率假象与每个导航卫星相关的 IPP 集给出的日本地理形状有关。

2. 二维平滑采样数据的傅里叶变换方法

此方案的依据是，在均匀分布的地图上二维平面波的傅里叶变换是变换域中的两点，由这两个点组成的直线的斜率与平面波的参数直接有关。这个方案尽管可与前一个方案相结合，但最终仍被放弃了，因为实际上空间频率很低，而且非均匀采样产生的二维地图的傅里叶变换结果无法分辨出与任何平面波有关的成分。

3. 霍夫 (Hough) 变换

Duda 和 Hart 在 1972 年提出了一个部分遮挡图像中的直线检测工具，即霍夫变换[33]。基于 TID 二维波前的等振幅线近似呈直线，如图 2.2 和图 2.3 所示，我们在对去趋势 VTEC 地图图像中进行低通滤波后应用了霍夫变换，并尝试了不同的处理方法，如均衡化、二值化等，以强调这种线性结构。理论上这种方法是可行的，因为可以从部分观测信息中获得关于线性结构的全局信息，但实际结果并不理想，估计过程中产生了大量的伪 TID 传播特征。

4. 独立成分分析(ICA)

这是一种已经被广泛用于多种场景的技术,例如 Hyvärinen,Karhunen 和 Oja 在神经网络、高级统计和信号处理领域中的应用介绍[34]。这种技术的特点是处理未知信号的线性混合,如果信号的数量是已知的,那么它可以成功地估计出其混合矩阵的逆值。但在我们的模型解算需求中,这种技术是不充分的,因为不可能具有已知 TID 数量的先验知识。事实上,在需要估计的 TID 之间可能存在相关性。最后,在可能的解算结果的集合中,该技术不允许自然地引入约束,这使得大量的 TID 解算结果不具备物理的实际意义。

5. 克里金(Kriging)插值

这种方法是高斯过程的一个变体[35],即当观测值取决于地理坐标时,可用于相关空间插值。理论上,克里金法应该是一个适合的工具,因为通过变异图模型,即空间统计依赖模型,引入关于 TID 模型问题的先验知识。然而在我们的案例测试中,最终放弃了这种方法,尽管可以指定用于插值的模型。因为该方法基于方差图矩阵的度量,这对于远离高密度观测站区域的其他观测站点会存在一个隐性的衰减。此外,它不允许存在有一个以上的 TID 事件,也不允许考虑电离层斜向校正项 $M(t)$(见方程(2.3))中引入了一个乘性失真的事实。

综上,所有上述技术都未能通过可行性测试与论证。

为此,我们提出的方法是基于信号的原子分解方法[26]和改进的最小绝对收缩和选择算法(LASSO)[27],本方法允许从超完备字典中提取稀疏信号表示。本模型中,字典的每一个原子代表一个具有物理意义的可能的 TID 事件。请注意,尽管原子分解方法和 LASSO 这两种方法是等价的,但前者强调字典结构,而后者则强调问题的估计解算。本方法包括在一个超定的词典上对信号进行跨度分解,并在跨度的权重规范中引入一个惩罚因子,以获得稀疏的解算结果,其损失函数包括一个均方重建误差项和一个关于参数范数的正则项。本方法的正式规范将在第 2.6.2 节中进行详细描述。此外,模型把从字典元素的稀疏线性组合中的重建观测表示为一个凸优化问题,其中解的稀疏性是通过正则项实现的。字典中各 TID 原子的振幅大多为零,除了通过组合最优估计去趋势 VTEC 值的原子权重 $\alpha_{i,j}$ 外,见方程(2.6)和(2.7)。

特别需要指出的是,词典不需要由正交元素组成,而可以是任何任意的元素集,包括适应模型应用问题的元素集。原子分解方法还有其他几个有用的特性:① 除了处理高斯噪声外,还可以处理其他来源的噪声,尽管这些噪声可能对一些样本带来很大的失真;② 允许以自然的方式处理非均匀采样过程;③ 为确定

TID 的数量提供客观标准。TID 的正式模型即参数模型将在下一节进行详细描述。

2.6　词典构建和估算准则

在本节中,我们将主要介绍:① TID 模型和字典设计(见第 2.6.1 节);② 损失函数和正则化准则定义(见第 2.6.2 节);③ 稀疏分解计算和实施方法(见第 2.6.4 节)。

本模型的字典是根据 TID 波传播模型设计的,该模型假定在时刻 t 的某 IPP 去趋势观测值 $\widetilde{V}(x,y)$,可以表示为几个 TID 波 $T_i(x,y)$ 的线性组合,如方程 (2.7)。而在时刻 t 的参数 α_i 是仅根据在 IPP 集 $I_{x,y}$ 处的重建误差进行估计的。因此,对于一个包含 M 个 TID 波的地图,我们有以下模型:

$$\widetilde{V}(x,y) = \sum_{i=0}^{M} \alpha_i T_i(x,y) + n(x,y) \tag{2.7}$$

这里,(x,y) 是地图上的平面坐标,注意虽然模型是针对整个 GNSS 网络区域的,但在此估计过程中我们只使用 IPP 坐标。字典原子 $T_i(x,y)$ 模拟了第 i 个 TID 波在时刻 t 的波前快照。$n(x,y)$ 是加性随机噪声,α_i 是待估计参数,代表了第 i 个 TID 的振幅。我们定义时刻 t 的振幅向量,即 $\boldsymbol{\alpha}_t = [\alpha_1,\alpha_2,\alpha_3,\cdots,\alpha_N]$,其中,$N$ 是字典的大小。注意 TID 的数量 M 应远小于字典的元素数量 N。

2.6.1　字典创建

该模型由来自字典元素 $T_i(x,y)$ 的几个单频平面波叠加而成。我们将把一个 TID 波建模为二维单频平面波 $A(x,y,t)$,如

$$A(x,y,t) = A_0 \cos\left(\boldsymbol{k} \cdot (x,y) - \omega(t-t_0) + \varphi_0\right) \tag{2.8}$$

其中,$\boldsymbol{k}$ 是二维波矢量,即角波数向量,其模为 $|\boldsymbol{k}| = \dfrac{2\pi}{\lambda}$,法向量 $\dfrac{\boldsymbol{k}}{|\boldsymbol{k}|} = (\cos\theta,\sin\theta)$ 指向波的传播方向。λ 是波长,A_0 是波的振幅,ω,t_0 和 φ_0 分别是 TID 波的角频率、初始时刻和初始相位。第 i 个字典元素 $T_i(x,y)$ 在时刻 t 的定义如下:

$$T_i(x,y) = \cos\left(\frac{2\pi}{\lambda_i}(x\cos\theta_i + y\sin\theta_i) + \varphi_i\right) \qquad (2.9)$$

用于定义字典中的元素 $T_i(x,y)$ 的特征为:波长 λ_i、相位 φ_i 和波方位角 θ_i。字典中每个元素参数 (θ,λ,φ),都被量化为实数,其值都被限制在具有物理意义的现实范围内。

字典 D 是由 N 个元素 $T_i(x,y)$ 的集合连接而成的,以一个数组的形式定义为 $D = [T_1, T_2, T_3, \cdots, T_N]$。元素 $T_i(x,y)$ 是通过给其参数 (λ,θ,φ) 分配一个量化范围内所有可能的值而产生的。每个元素 $T_i(x,y)$ 由 P_v 行和 P_h 列的区域网格组成,即对待求解 TID 所在的地理区域进行统一采样,该阵列被重构为一个尺寸为 $P_v \times P_h$ 的向量 $\boldsymbol{T}_i$。请注意,由于观测值与 IPP 集合一一对应,因此,在估计向量 $\boldsymbol{\alpha}_t$ 时,$\boldsymbol{\alpha}_t$ 将只与测量的 IPP 对应的坐标集 (x,y) 有关。

2.6.2 损失函数与正则化

这里我们将分析待估参数 $\boldsymbol{\alpha}_t$ 的标准,这是通过损失函数项(即通过模型对观测值的近似程度)和正则化项(即对可能解算方案的约束)间的折中实现的。

实际上,损失函数项隐含地表达了模型对估计误差统计的假设。我们将损失函数定义为似然函数的对数,即给定待估参数的观测值联合概率的对数。我们假设模型的概率是以指数形式依赖于观测值与模型生成值之间的差的 l_p 范数。同时,在模型中引入了一个正则化项,这将允许表达解算方案的理想属性。由于我们希望模型解算结果具有稀疏性,因此将通过 l_p 范数来惩罚待估计参数向量 $\boldsymbol{\alpha}_t$ 的某些数值分布。因此,要解决问题的一般形式可以表示为

$$\min_{\boldsymbol{\alpha}_t} \|\widehat{V} - D\boldsymbol{\alpha}_t\|_{l_p}, \quad \text{s.t.} \ \|\boldsymbol{\alpha}_t\|_{l_q} < \tau \qquad (2.10)$$

其中,$\widehat{V}$ 由 IPP 去趋势观测值组成,D 是用于重建 IPP 穿刺点观测值的字典,$\boldsymbol{\alpha}_t$ 是在时间 t 的待估计矢量,l_p 和 l_q 定义了应用于优化问题各相关项的范数。请注意,重建误差项的范数 l_p 与正则化项的范数 l_q 是不同的。上述表达式亦可写成拉格朗日(Lagrange)形式

$$\boldsymbol{\alpha}_t^* = \underset{\boldsymbol{\alpha}_t}{\arg\min} \frac{1}{2}\|\widehat{V} - D\boldsymbol{\alpha}_t\|_{l_p} + \rho\|\boldsymbol{\alpha}_t\|_{l_q} \qquad (2.11)$$

注意,方程(2.10)中的参数 τ 和方程(2.11)中的参数 ρ 之间存在一一对应关系,见 Hastie、Tibshirani 和 Friedman 关于此问题的详细论述[36]。关于范数值选择的论据将在下面的章节中进行详细讨论。

1. 损失函数

l_p 范数在损失函数中的度量等价于模型方程(2.10)中重建误差的特定概率分布假定。特别地，$\|\hat{V} - D\boldsymbol{\alpha}_t\|_{l_p}$ 可以被解释为指数分布的对数似然。我们考虑的 l_p 范数度量为：

（1）$l_p = l_2$

假设是多变量的高斯分布，因此对数似然函数是重建误差的平方项之和。请注意，这个准则可以对误差进行二次型惩罚，因此重建误差很大的样本点将对参数 $\boldsymbol{\alpha}_t$ 的估计产生很大影响，也就是说，结算结果将对远离平均值的数值非常敏感。

（2）$l_p = l_1$

假设是多变量的拉普拉斯分布，因此对数似然函数是重建误差的绝对值之和。一个关键点是，这种分布假设重建误差的重要偏差比高斯分布的情况更容易发生。因此，惩罚程度相对于 l_2 较低，在参数 $\boldsymbol{\alpha}_t$ 估计中大误差的影响也较小。

（3）Huber 损失函数

这种损失函数用于参数的鲁棒估计，包括对阈值以下的重建误差应用 l_1，对阈值以上的重建误差应用 l_2。因此，在处理重建误差高值时继承了 l_1 的特性。关于使用该标准进行稳健估计的讨论，请参见 Hastie, Tibshirani 和 Friedman 在其相应论著中第 10 章的详细介绍[36]。

对于 l_p 范数的选择，我们考虑了以下的物理事实：由于 IPP 地理位置集合的几何形状，方程(2.10)提出的问题的解决方案会对 l_p 范数特别敏感，这是因为由于 IPP 集不是均匀地分布在平面上，IPP 集形状遵循的是从卫星俯视地面观测站在有效 TID 活动高度的投影组合。其结果会在观测站网络几何形状所加强的波的方向上出现偏差。这种偏差是观测站网络的细长分布和观测站密度最高的地区几何形状共同影响的结果，这使得离群值取决于 TID 的传播方位角。例如，图 2.1 所示的日本 GEONET 网络几何形状对增强东北/西南方向传播的 TID 检测离群值，位于网络边界的观测站对重建误差的贡献将大于位于网络中心部分的观测站。这是因为，传播方位角估计的小误差在长距离上（即东北和西南两端）会增强。也就是说，观测站的几何形状和分布将会出现一个杠杆效应。

若我们假设对重建误差进行 l_1 惩罚，与 l_2 惩罚的情况相比，离群值在估计中的影响较小。由于模型构建的目的是想要实现一个对 TID 角度估计具有小偏差高度敏感能力的估计器，即杠杆效应，因此，我们选择 l_2 作为损失函数。这样一来，角度估计的小误差将导致位于网络极端点的 IPP 产生较大的总误差，因此在最终估计中会有较高的影响。数据估计的另一个方面是,我们希望通过正则化项限定有效 TID 解算结果的稀疏性。然而,在这种情况下对范数的要求却是相反的。

2. 正则化项

字典 D 被设计成冗余且高度相关的元素,以便检测特定的 TID 波形系列。我们希望用最少的字典元素来解决模型方程(2.10)中总结的近似问题,即在参数 $\boldsymbol{\alpha}_t$ 的空间中找到稀疏解算结果。这在原则上可以通过伪度量 l_0 范数来实现,该度量使与非零元素数量最小化,而不考虑它们具体的值。关于为什么 l_0 范数是一个伪度量的讨论,请看 Hastie,Tibshirani 和 Wainwright 的详细讨论[37]。由此,要解决的问题可以表述如下:

$$\min_{\boldsymbol{\alpha}_t} \|\boldsymbol{\alpha}_t\|_0, \quad \text{s. t.} \|\tilde{V} - D\boldsymbol{\alpha}_t\|_2 < \varepsilon \tag{2.12}$$

其中,ε 代表 $D\boldsymbol{\alpha}_t$ 与全局 IPP 测量值去趋势 VTEC 地图 $V(x, y)$ 的允许偏差。不幸的是,这个数学问题不是凸的,只能通过组合方法来解决,对于待解决的 TID 检测表征问题具有未知数量的特征来说,这在计算上是不可行的。

因此,在本模型中,我们认为正则化项的最适当准则是 l_1 范数。我们的目标是选择字典中不相关元素的最小子集,同时使在由跨越可能解空间的、冗余的和非正交元素组成的字典上的重建误差最小。

不等式 $\|\boldsymbol{\alpha}_t\|_{l_q} < \tau$ 的作用是引入关于参数集 $\boldsymbol{\alpha}_t$ 期望值的先验信息。在一种情况下,即 $q=1$ 的条件下,不等式影响的是项 $\boldsymbol{\alpha}_t$ 的绝对值之和,间接控制了非零的元素数量;在另一种情况即 $q=2$ 的条件下,不等式影响的是项 $\boldsymbol{\alpha}_t$ 的平方值之和,其结果是使所有系数同时进行了收缩。关于线性回归中使用正则化项的详细分析,可以在 Hastie,Tibshirani 和 Friedman 的相关论著的第 3 章中找到[36]。

使用 $q=2$ 会产生所有系数 $\boldsymbol{\alpha}_t$ 均匀收缩的解决方案,这允许为未确定系统模型的情况选择一个特定的解决方案。作为本模型的问题解算,是设计字典 D 的元素数量,可远高于观测向量的维度。但在另一方面,解决方案依赖字典的几乎所有 TID 元素,这不是我们想要的问题解算结果,即仅确定一小部分不同的 TID 波,也就是字典中极少数的元素。

使用 l_1 范数,在线性回归问题中可产生稀疏解,参见相关几何学解释[37],在某些情况下可以是对 l_0 伪范数的良好近似,因为它可明确地使非零项的数量最小。在 $q<1$ 的情况下,使用 l_p 范数可以继续增加稀疏度,但所产生的问题不再是凸的,因此不能使用凸优化技术。因此,对于这个问题,我们将使用 l_1 范数作为参数的

正则化项。请注意,在第 2.6.7 节中,我们将引入一个使用 l_1 的迭代解决方案,间接地接近范数 $l_p(p<1)$,以获得一个更为稀疏的解决方案。

满足所有要求的技术是改进的最小绝对收缩和选择算法 LASSO[37],它被表述为一个优化问题,使重建误差的平方最小化,并基于 l_1 范数的权重的正则化项,这就是被选中用于本模型估计 TID 的解算方案。

另一个相关的技术是弹性网(Elastic Net)[37],它是 l_1 范数和 l_2 范数正则化项的凸组合。与 LASSO 不同的是,这种技术可为字典中的相关元素分配非零值。但在我们的模型中,字典由高度相关的 TID 原子组成,因为这些元素由波阵面参数的细粒度枚举组成。在初步实验中,我们发现弹性网的表现性能很差,因此它被抛弃了。另一方面,在正则化项上只使用 l_1 范数,可以得到一个简洁的解决方案,只将资源分配给明显不同的 TID 元素,这与我们最初的假设相一致,即只有有限数量的不同 TID。

最后,为了解决估计系数 $\boldsymbol{\alpha}_t$ 中可能出现的模糊度,我们要求解决方案在第一象限,即向量 $\boldsymbol{\alpha}_t$ 的所有元素都应该是正数,这是因为系数 $\boldsymbol{\alpha}_t$ 被解释为每个存在的 TID 振幅。另外,改变乘以字典元素 $T_i(x,y)$ 的向量某元素 $\boldsymbol{\alpha}_t$ 符号相当于相位 φ_i 的 180°变化,见方程(2.9)。

2.6.3　冗余字典设计

在模型中,我们建议将二维趋势 VTEC 地图 $\tilde{V}(x,y,t)$ 建模为几个 TID 波的线性组合,如本章节所表达的那样,但要将这种 TID 波的组合直接分解为一个线性组合并不容易,如方程(2.7)。第一种方法是构建一个具有所有可能参数的候选 TID 波的冗余字典 D,接下来再从 D 中找到最优解。

$$D = [T_1, T_2, T_3, \cdots, T_N] \tag{2.13}$$

最少非零元素的解决方案,对应于使用 l_0 范数,这将给出一个稀疏的分解,即将去趋势的 VTEC 图分解成单个的 TID 波组合。

2.6.4　参数估计的 LASSO 实现

最后,TID 的传播参数是通过解决一个优化问题得到的,其中,l_2 上的项为重建误差,l_1 上的项为正则化项,由此可表述为

$$\hat{\boldsymbol{\alpha}}_t = \underset{\boldsymbol{\alpha}_t}{\operatorname{argmin}} \frac{1}{2} \left\| \widetilde{V} - D\boldsymbol{\alpha}_t \right\|_2^2 + \rho \left\| \boldsymbol{\alpha}_t \right\|_1 \tag{2.14}$$

解决方案的稀疏程度将取决于一个独立的参数 ρ，这个参数必须按照第 3.6.5 节中的解释进行自适应调整。从经验上看，我们发现稀疏性对参数 ρ 的敏感性很低，因为字典的有效元素数量在 ρ 的宽幅范围内是分段片状不变的。

通过适当的参数值 ρ，例如通过交叉验证确定，基于最小角度回归和收缩 (LARS) 的 LASSO 可在冗余字典 D 上给出良好的稀疏估计，见图 2.4 中 LASSO 路径沿正则化参数演变的示例。此解决方案是一个极度稀疏的原子 TID 波的组合，如下所示：

$$\widetilde{V}(x,y,t)_{M\times 1} = D_{M\times N} \cdot \hat{\boldsymbol{\alpha}}_{t_{N\times 1}} + \varepsilon \tag{2.15}$$

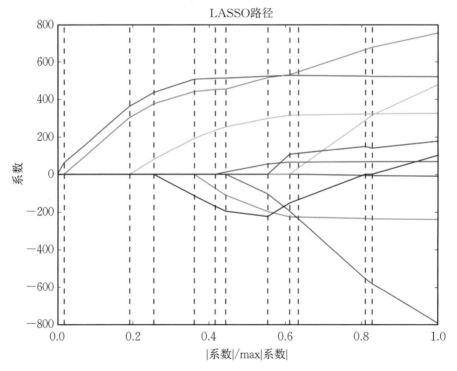

图 2.4　使用最小角度回归和收缩 (LARS) 算法，LASSO 路径沿正则化参数演变示例

注：此例源自 Hastie，Tibshirani 和 Wainwright 的相关报告[37]。

2.6.5　TID 参数的两步估计法

方程(2.9)中提出的 TID 模型有三个参数,即 $(\lambda, \theta, \varphi)$。由于重建误差取决于通过三角函数的参数以及一个除法,因此该误差对一些参数比其他的更敏感。具体来说,参数 (λ, θ) 的小偏差对最终性能的影响要比 φ 的情况高得多。该方法对传播方位角和波长的估计非常精确,但对速度的估计却不太准确,这可能是因为它是由每个快照关于 φ 的差异计算出来的。考虑到这一点,估计策略分为两个步骤,在第一步,参数 (λ, θ) 是用有效参数范围内的细粒度字典估计的,而 φ 是用其粗粒度字典来估计的。在第二步中,估算时将 λ 和 θ 固定为第一步估算的值,而参数 φ 将由构建的一个具有细粒度值范围的新字典进行估算。

解决模型问题方程(2.14)的第一个方法是基于坐标下降法,见 Hastie, Tibshirani 与 Wainwright 的详细解释[37]。在实施方案中,我们使用了一种解决问题的方法,这种方法可产生等价的解决方案,且计算速度更快。这个方法就是最小角度回归和收缩算法 LARS,见 Efron 对其详细介绍[38]。LARS 算法的计算复杂度等同于普通的最小二乘法估计,其复杂度为 $O(p^2 N)$,其中,p 是字典元素数, N 是 IPP 的数量。

实际上,将估计分成两步的效果对模型问题的计算要求也有重要影响。如果每个参数值的粒度(即增量)为 n,字典的大小将是 $O(n^3)$。将估计分为两个阶段,方程(2.19)中结构的字典对第一阶段的要求为 $O(n^2)$。在第一阶段 M(其中 $M \ll N$)中检测到的 MSTID 的字典的非零权重元素结果,使第二阶段的总操作数减少到 $O(Mn)$。值 n 的范围需要适应待解问题的需求,这取决于我们要检测的 TID 相位、频率和方位角的物理边界。

1. 参数 (λ, θ) 与 TID 数量估计

对于 (λ, θ) 的估计,我们可以通过简单的三角学来简化字典,即字典中元素 $T_i(x, y)$ 的参数 φ(见方程(2.9))被波的振幅所吸收。因此,元素 $T_i(x, y)$,对于时刻 t 的快照是

$$\alpha_i T_i(x, y) = \beta_i \cos\left(\frac{2\pi}{\lambda_i}(x \cdot \cos\theta_i + y \cdot \sin\theta_i)\right) + \gamma_i \sin\left(\frac{2\pi}{\lambda_i}(x \cdot \cos\theta_i + y \cdot \sin\theta_i)\right)$$

$$(2.16)$$

这可以重新排列成两个新的字典元素,即

$$T_{\beta_i}(x, y) = \cos\left(\frac{2\pi}{\lambda_i}(x\cos\theta_i + y\sin\theta_i)\right) \tag{2.17}$$

$$T_{\gamma_i}(x,y) = \sin\left(\frac{2\pi}{\lambda_i}(x\cos\theta_i + y\sin\theta_i)\right) \tag{2.18}$$

其中,β_i 和 γ_i 是一对正交正弦基的振幅,满足 $\beta_i = \alpha_i\cos(\varphi_i)$ 和 $\gamma_i = -\alpha_i\sin(\varphi_i)$ 的关系。注意 β_i 和 γ_i 的值只用于决定字典 $T_i(x,y)$ 的元素集,以便在接下来的步骤中使用。我们决定使用一个增强字典,其元素的形式如方程(2.17)和(2.18)所示,并通过 LASSO 算法来估计振幅 β_i 和 γ_i。

虽然通过 β_i 和 γ_i 的比值和使用 arctan 函数就可以直接估计相位 φ_i,但测试显示这种方法非常不可靠,这就证明可将 φ_i 的估计推迟到第二步。因此,对 φ 的估计是在步骤二中进行的,这是通过保持步骤一中估计的固定值 λ 和 θ 实现的。

步骤一的增强字典 D_1 的结构为

$$D_1 = [D_\beta, D_\gamma] = [T_{\beta_1}, T_{\beta_2}, \cdots, T_{\beta_N}, T_{\gamma_1}, T_{\gamma_2}, \cdots, T_{\gamma_N}] \tag{2.19}$$

其中,T_{β_i} 和 T_{γ_i} 分别表示方程(2.17)和方程(2.18)中定义的字典元素,其相应参数为 θ_{β_i},λ_{β_i} 和 θ_{γ_i},λ_{γ_i}。我们把与每个估计参数相关的权重向量表示为 $\boldsymbol{\beta}_t$ 和 $\boldsymbol{\gamma}_t$。请注意,我们没有在 $\boldsymbol{\beta}_t$ 和 $\boldsymbol{\gamma}_t$ 这两个向量的元素中引入约束条件,使它们同时为非空;我们决定将两个向量中发现的指数 i 的联合体作为候选 TID,并在步骤二中过滤数值。也就是说,一些待检测的候选 TID,将在第二步中被丢弃。在时刻 t 的地图 $\widetilde{V}(x,y)$ 可以表示为

$$\widetilde{V}(x,y) = D_1 \cdot [\hat{\boldsymbol{\beta}}_t, \hat{\boldsymbol{\gamma}}_t]^{\mathrm{T}} = D_\beta \cdot \hat{\boldsymbol{\beta}}_t + D_\gamma \cdot \hat{\boldsymbol{\gamma}}_t \tag{2.20}$$

其中,$\hat{\boldsymbol{\beta}}_t$ 和 $\hat{\boldsymbol{\gamma}}_t$ 的系数向量是通过 LASSO 算法估计的。与 $\hat{\boldsymbol{\beta}}_t$ 和 $\hat{\boldsymbol{\gamma}}_t$ 系数相关的字典 D_1 的非零元素,决定了每个候选 TID 的波长 $\hat{\lambda}_t$ 和方向 $\hat{\theta}_t$,并作为下一步的输入。而参数 φ_t 可以通过以下方式进行近似计算:

$$\hat{\varphi}_t = -\arctan\frac{\hat{\boldsymbol{\gamma}}_t}{\hat{\boldsymbol{\beta}}_t} \tag{2.21}$$

然而,我们发现这种估计是极其不可靠的,在不同的去趋势 VTEC 地图快照之间也不一致。请注意,来自 LASSO 的解算结果是去趋势 VTEC 地图 $\widetilde{V}(x,y,t)$ 与 $D \cdot [\hat{\boldsymbol{\beta}}_t, \hat{\boldsymbol{\gamma}}_t]$ 偏差的近似分解。我们在前文描述的方法从改进的字典中对 $\hat{\theta}_t$ 和 $\hat{\lambda}_t$ 的参数进行了可靠的估计,但对 φ_t 的估计能力很弱。为了提高估计的可靠性,我们使用了另一个 LASSO 步骤,以便对 φ_t 有一个更好的估计。

2. 参数 φ 估计

在步骤一中,在时刻 t,我们检测到一组 M 个可能的候选 TID。我们将在时刻 t 检测到的每组 TID 参数定义为一对 $(\hat{\lambda}_i, \hat{\theta}_i)$,这在步骤二中保持固定。我们创建

一个新的较小的字典,用于估计与每对 $(\hat{\lambda}_i, \hat{\theta}_i)$ 相关的 φ_i,可由一个更合适的新变量来实现。我们将其记为 B,定义为 $B_{(\hat{\lambda}_i \hat{\theta}_i)j} = \dfrac{\hat{\lambda}_i}{2\pi} \varphi_{(\hat{\lambda}_i \hat{\theta}_i)j}$,见下述方程(2.22)和(2.23)。因此,给定一对 $(\hat{\lambda}_i, \hat{\theta}_i)$,我们创建 $j = 1, 2, \cdots, N$ 的可能值 $B_{(\hat{\lambda}_i \hat{\theta}_i)j}$。误差分析表明,表达式(2.23)对 φ_j 的估计误差的敏感性比式(2.22)低。因此,字典由 $B_{(\hat{\lambda}_i \hat{\theta}_i)j}$ 参数化。

步骤二的字典中与 $(\hat{\lambda}_i, \hat{\theta}_i)$ 相关的元素 j 的结构为

$$T_{(\hat{\lambda}_i, \hat{\theta}_i)j}(x, y) = \cos\left(\frac{2\pi}{\hat{\lambda}_i}(x\cos\hat{\theta}_i + y\sin\hat{\theta}_i) + \varphi_{(\hat{\lambda}_i \hat{\theta}_i)j}\right) \qquad (2.22)$$

$$T_{(\hat{\lambda}_i, \hat{\theta}_i)j}(x, y) = \cos\left(\frac{2\pi}{\hat{\lambda}_i}(x\cos\hat{\theta}_i + y\sin\hat{\theta}_i + B_{(\hat{\lambda}_i \hat{\theta}_i)j})\right) \qquad (2.23)$$

其中,$i = 1, 2, \cdots, M; j = 1, 2, \cdots, N$。新字典的每个元素都对应于一个给定的 φ,新字典的结构,我们将表示为 D_{II},是由与步骤一中检测到的每一对 $(\hat{\lambda}_i, \hat{\theta}_i)$ 相关的 TID 特定字典连接而成的。因此,与给定 TID 相关的字典 $D_{\hat{\lambda}_i \hat{\theta}_i}$ 将由一组波形组成,这些波形是由步骤一的 $\hat{\theta}_i$ 和 $\hat{\lambda}_i$ 固定解值以及与波形相位 φ_j 有关的 $B_{(\hat{\lambda}_i \hat{\theta}_i)j}$ 值范围确定的,即

$$D_{\mathrm{II}} = [D_{\hat{\lambda}_1 \hat{\theta}_1}, D_{\hat{\lambda}_2 \hat{\theta}_2}, \cdots, D_{\hat{\lambda}_M \hat{\theta}_M}] = [T_{\hat{\lambda}_1 \hat{\theta}_1 1}, T_{\hat{\lambda}_1 \hat{\theta}_1 2}, \cdots, T_{\hat{\lambda}_M \hat{\theta}_M N}] \qquad (2.24)$$

因此,如果 $B_{(\hat{\lambda}_i \hat{\theta}_i)j}$ 的可能值范围为 N,则字典 D_{II} 的大小为 $M \times N$,M 为步骤一的候选 TID 的数量。

请注意,除了解决 φ_j 中的估计不确定性外,分为两个步骤的估计过程,也可以减少计算需求。也就是说,两个字典的总大小为 $2N^2 + MN$,比同时计算所有参数所需的大小 N^3 小得多。例如,如果 θ, λ 和 B 的分辨率分别为 $2°$、2 km 和 0.1 km,假设每个快照中的 TID 数量 $M \leqslant 10$,字典大小为 $N^3 \approx 10^8$,而 $2N^2 + MN \approx 10^6$。N 的值是可变的,取决于每个变量的分辨率,在通常情况下,N 的值大约是 500。

2.6.6　噪音和失真处理

一般来说,从不完整和不均匀的采样中估计 TID 数量和其特征是非常困难的,而且会因为存在卫星高度角差异相关噪声和 IPP 集几何形状扭曲而加剧。噪声和失真可归纳为两类,本工作中提出的 ADDTID 模型对它们的处理与一般方式不同。

1. 加性噪声

优化问题中的项 $\|\widetilde{V}-D\boldsymbol{\alpha}_t\|_2 < \tau$ 允许存在 τ 相同数量级的小偏差。请注意,由于度量是二次的,所以这个基本假设是此加性噪声应遵循高斯分布。

2. 乘性效应失真

这些都是受修改样本子集的影响,例如对斜率因子 $\cos\chi(t)$ 的估计不准确,测站数据丢失,周跳,卫星仰角变化,等等。这些影响设计通过扩展字典来处理,方法是用一个样本数大小的对角线矩阵,也就是说,增加一条对角线子字典[39],用于模拟图像处理中的遮挡效果,同样适合于模拟上述的失真情况。这个对角线子字典允许为遭受极端退化的采样点分配一个特定的值,同时允许将 TID 建模为平面波的一组全局字典条目。扩展字典的结构如下:

$$D_{M\times(N+M)} = [T_1, T_2, T_3, \cdots, T_N, I_{M\times M}] \tag{2.25}$$

其中,$I_{M\times M}$ 为对角线项。因此,现在平面波模型的重构是由下式给出的:

$$\widetilde{V}(x,y) = \sum_{i=0}^{N} \alpha_i \cdot T_i(x,y) + \sum_{j=0}^{M} \delta_j \cdot I_j(x,y) \tag{2.26}$$

其中,字典中的对角线项 $I_{M\times M}$ 允许通过系数 δ_j 来模拟对孤立观测的影响。请注意,这个系数 δ_j 是一个虚拟变量,即它作为一个变量进入优化问题,但不被使用。感兴趣的变量是 α_i,即为待检测的 TID 波有关的字典中元素的系数。

2.6.7 改进:重新加权的 LASSO

正如在第 2.6.4 节中提到的,LASSO 允许通过字典的稀疏元素集来重建 IPP 的初始观测向量,这可以被认为是通过 l_1 对 l_0 进行的近似。此外,l_1 的解算结果允许字典中的类似元素均具有非零权重。但这与本模型假设遵循的基本物理事实相悖,即在同一时刻一般仅存在少量的、重要的且具有不同速度、方位角或波长等传播特性的 TID。为了提高解算结果的稀疏性,使得结果更符合事实,我们实施了一个增强算法,可提供比原始 LASSO 更高稀疏度的非零结果。这个解算方案是基于对每个中间解决方案的估计系数向量 $\boldsymbol{\alpha}$ 的重新加权来迭代解决方程(2.14)中所述的问题。这个方案使用了一条对角线权重矩阵 $\boldsymbol{W}$,以惩罚在重建 IPP 观测向量时使用字典中的相关元素[40]。此时,对加权 l_1-l_2 优化的 $\boldsymbol{\alpha}$ 估计可以表述为

$$\hat{\boldsymbol{\alpha}} = \mathop{\arg\min}_{\boldsymbol{\alpha}} \frac{1}{2} \|\widetilde{V}-D\boldsymbol{\alpha}_t\|_2^2 + \rho \|\boldsymbol{W}\boldsymbol{\alpha}_t\|_1 \tag{2.27}$$

其中,$\boldsymbol{W}$ 的对角线由非负权值 $w_i(i=1,2,\cdots,\dim(\boldsymbol{\alpha}))$ 组成,$\boldsymbol{W}$ 重新定义了 TID 波

原子元素的影响。除在解算结果优化的相似特性之外,加权 l_1-l_2 优化可以被看作是加权 l_0-l_2 最小化问题的凸优化,因为它可给出质量不同的估计。从这个意义上来说,解算结果的稀疏性将得到明显加强。

$$\min_{\boldsymbol{\alpha}} \|\boldsymbol{W\alpha}\|_0, \quad \text{s. t.} \ \|\widehat{V}-D\boldsymbol{\alpha}\|_2 < \varepsilon \tag{2.28}$$

注意,基于 l_0 问题唯一解的基础上(见式(2.12)),式(2.28)所描述的加权 l_0 最小化问题亦有唯一解。然而,原始 l_1-l_2 优化(式(2.14))和重新加权 l_1-l_2 优化(式(2.27))的解算方案是不同的。因此,一组合理的权值 w_i 可以改善去势 VTEC 图的原子分解。Candes,Wakin 和 Boyd 提出了一种方法[40],即在迭代估计中将每一步的权重设置为非零原子 TID 波幅的倒数,如下式所示:

$$w_i = \begin{cases} \dfrac{1}{|\alpha_i|+\varepsilon_\omega}, & \alpha_i \neq 0 \\ \infty, & \alpha_i = 0 \end{cases} \tag{2.29}$$

术语 $\varepsilon_w > 0$,通常略小于 $\hat{\alpha}^{(j)}$ 元素的平均值,用于确保没有被零除的情况。这种规范化迫使解 $\hat{\alpha}^{(j)}$ 集中在 w_i 较小的情况下,以阻止对正则化项中较大系数的过度惩罚。

需要观察的是,方程(2.27)中的加权项 $\boldsymbol{W}$ 影响的是正则化项,而不是重建误差项。这种尺度调节方法旨在实现与近似系数 $\hat{\boldsymbol{\alpha}}$ 大小无关的权重选择。我们根据经验发现,这种方法的典型特性是收敛速度快。同时在 Candes,Wakin 和 Boyd 的相关研究中也提到,只需要两到三次迭代就可以收敛[40]。尽管我们的方法引入了 $\boldsymbol{\alpha}$ 的归一化,但 TID 的相对振幅被保留下来。这种重新加权的方法是基于迭代的方法增加或减少原子 TID 的影响,这些 TID 来自前一次迭代的 l_1-l_2 估计解,并由矩阵 $\boldsymbol{W}$ 加权。根据经验,该方法在数次迭代后就会快速收敛。

在试验中,步骤 j 的加权矩阵 $w_i^{(j)}$,在第一次迭代即 $j=0$ 时被初始化以及对其他迭代次序值 j 的初始化如下:

$$w_i = \begin{cases} 1, & j=0 \\ \dfrac{1}{|\hat{\alpha}_i^{(j-1)}|+\varepsilon_\omega}, & j \geqslant 0 \end{cases} \tag{2.30}$$

由此,方程(2.27)所述的问题可以通过一个变换进行重新表达,以方便使用现有的用于解决 LASSO 问题的软件。该变换包括对字典矩阵 $\boldsymbol{D}$ 的重新缩放,如下式所示:

$$\hat{\alpha}_w^{(j)} = \underset{\alpha_w}{\operatorname{argmin}} \frac{1}{2} \|\widehat{V} - \boldsymbol{D} (W^{(j)})^{-1}\boldsymbol{\alpha}_w\|_2^2 + \rho \|\boldsymbol{\alpha}_w\|_1 \tag{2.31}$$

其中,估算值 $\hat{\alpha}^{(j)}$ 可以通过 $\hat{\alpha}^{(j)} = (W^{(j)})^{-1}\hat{\alpha}_w^{(j)}$ 进行恢复。

2.6.8　TID 事件检测与传播速度估计

对于一个给定时间的快照,方程(2.14)的解算方案,即使没有 TID 的存在,也总能找到一组参数解 $\boldsymbol{\alpha}_t$,使去趋势 VTEC 地图 $\tilde{V}$ 在关于字典 D 的近似值最小。因此,为了检测 TID 事件的存在,以检测中尺度 TID(MSTID)为例,在采样率为 30 s 的 GPS 观测数据中,我们使用了两个判决标准:① 在 20 个快照(600 s 采样时间)的滑动窗口中估计参数的连续性;② ρ 的值域。

估计参数的连续性是在 20 个快照的窗口内决定的,以减少错误检测率。此外,这允许有足够的相位 φ 变化样本来估计速度。连续性标准主要包括设置快照窗内的估计参数变化可容忍度:方位角 $\Delta\theta = \pm 5°$ 和波长 $\Delta\lambda = \pm 10$ km。要决定一个 MSTID 的存在,连续性的时间长度必须被设置为大于 600 s。实际上,在对 MSTID 的跟踪中,容忍度设置还隐含了在邻近快照间允许 MSTID 参数随时间缓慢漂移的特性。

另一方面,ρ 的值使该方法发挥至关重要作用。LASSO 的一个特性是,在方程(2.14)的正则化项中使用 l_1,$\boldsymbol{\alpha}_t$ 中非零的元素数量在 ρ 的一定尺度的变化幅度下是恒定的[37]。根据经验,我们已经确定 ρ 在高边际值时与无有效 TID 检测有关,这是通过对地图的直接检测和 TID 的估计参数缺乏连续性来确定的。我们在确定 MSTID 数量时采取的策略是,以检测不到 TID 的 ρ 初始值解算方程(2.14),并在每一步迭代中减少到 80% 的值。一旦在余量的稳定子范围内确定了几个 TID,我们就应用重加权方法,确定 l_0 解的近似值,即明确最小化产生非零元素数量的最佳近似,详见第 2.6.7 节。

实际上,TID 速度估计取决于每个 TID 的连续性跟踪,因为它是由相位 φ 的斜率得出的(见第 2.6.5 节)。请注意,每次快照的相位 φ 都在不同的水平坐标系中,即以 IPP 点集的质心为原点,而快照之间的这个质心是不同的(见第 2.3 节),因此 φ 的相位必须通过坐标系转换来更新。此外,相位 φ 的噪声会导致斜率估计更高的不确定性。另外,当 TID 跟踪的连续性被打破时,即使是很小的间隙,对斜率的估计误差也会增加。处理好估计误差的增加和异常值的问题对正确估计速度至关重要。因此,速度估计是从每个 TID 的相位 φ 变化斜率进行的。估计方法考虑了异常相位值可能存在的鲁棒回归方法,如随机抽样一致算法(RANSAC)[41],该算法的使用是进行高质量速度估计的关键。

该算法的实现和设计选择的细节已在第 2.6.5～2.6.7 节中讨论过,这些细节对于能够重现实验非常重要,同时也是为了理解选择一些方法的原因,使得我们的模型计算更准确和复杂度更低。

2.7　ADDTID 模拟评估

在这一节中,我们测试了 ADDTID 在模拟现实场景情况下的性能。基于 GNSS 真实地理数据,该场景为几个预设的 MSTID 和不同来源的噪声进行了扭曲叠加。为了测试 ADDTID 模型,我们在真实的 2011 年第 80 天的 IPP 位置模拟了三个同时发生的 MSTID。模拟是基于去趋势 VTEC 地图的测量结果[6],并且是按照第 2.6.1 节中的模型方程(2.9)生成的。

2.7.1　MSTID 活动模拟

实验对象为模拟产生的去趋势 VTEC 地图的时间序列,含有同时传播的三个不同 MSTID 的局部波前信息,这些波假定是发生在距离地面 250 km 高度处,以使实验模拟与真实数据一致,见第 3.3 的详细介绍。三个 MSTID 的波参数汇总在表 2.1 中,如振幅、波长、速度、方位角等。为了测试 ADDTID 的检测表征能力,对三个 MSTID 传播波参数按照 MSTID 季节性特性进行了设置,还设定了 MSTID 方位角差异约为 180° 和振幅间最大比率为 1/3 的特征,以复杂化去趋势 VTEC 地图中的 MSTID 波前信息。此外,为了模拟 MSTID 传播参数因所在高度变化等原因呈现出随时间变化的漂移特性,我们还对传播参数在每个快照中引入了一个有限的累加随机扰动,即设置了 MSTID 传播参数的布朗运动。这个漂移最大百分比对于波长、速度和方位角分别是 0.1%,0.5% 和 0.5%,这是根据模拟去趋势 VTEC 地图和真实去趋势 VTEC 地图相似性的主观标准选择的。

应该指出的是,当 MSTID 的参数与字典中的元素值不完全对应时,引入这种漂移可以测试系统的性能。强调这点的原因有二:一是与地图特征中现实的时间漂移的建模有关;二是与方法有关。事实上,字典中的 MSTID 波参数与真实参数完全吻合是不可能的。我们在模拟测试中进行了详细研究,当字典的参数与要估计的波的值完全吻合时,φ 值的模糊度要低得多,这将显示出超出实际的良好性能,由此证实了模拟测试方法论的重要性。

表 2.1　模拟场景中 MSTID 传播波参数设置

TID	振幅/TECU	波长/km	波速/(m/s)	方位角/°
$T_1(x,y)$	0.3	91.58	150.50	76
$T_2(x,y)$	0.6	156.71	90.77	275
$T_3(x,y)$	0.9	254.85	200.21	124

另一方面,由于卫星仰角变化、有效测量损失和周跳有关等原因可能会造成对 MSTID 观测的乘性失真。为了模拟这种失真,我们采用了最悲观的方法,这包括用高斯噪声直接替换给定卫星的部分 IPP 的模拟值,如式(2.32)所示。由此,利用时刻 t 的 IPP 集的位置 $I_{x,y}$,创建去趋势 VTEC 地图 $V_s(x,y)$ 的时间序列如下:

$$\widetilde{V}_s(x,y) = \begin{cases} \sum_{k=1}^{3} T_k(x,y) + n(x,y), & (x,y) \notin R_{x,y} \\ n(x,y), & (x,y) \in R_{x,y} \end{cases} \quad (2.32)$$

其中,$n(x,y)$ 是随机高斯噪声项,设置 SNR 为 0 dB。此外,在每颗卫星的 IPP 集 $R_{x,y}$ 中,有 10% 没有 MSTID 活动,以表达上述模拟的乘性失真。MSTID 活动地图由模拟的 GNSS 数据 $V_s(x,y)$ 构建,对快照的 MSTID 数量检测和每个 MSTID 的参数估计是通过第 2.6.5~2.6.7 节中描述的方法进行的。

图 2.5 显示了一组模拟的 MSTID 活动图的快照。模拟是通过选择图 2.2 中 GPS 卫星 PRN 5 的 GEONET 网络的真实观测 IPP 位置,并在这些位置上生成模拟的 MSTID。仿真的参数见表 2.1,$SNR=0$ dB。它由三个不同的 MSTID 组成,其中一个占主导地位。注意乘性失真模拟,即没有 MSTID 活动,为随机的直流噪声,位置区域用洋红色标记。这些地图与图 2.2 相比,在视觉上类似于真实的测量场景。实际上,同时具备方位角相似、振幅差异明显、随机乘性失真和噪声与信号功率相当的多 MSTID 同时传播的 GNSS 观测,现有算法一般很难对其进行有效检测与传播参数表征。

2.7.2　检测与表征结果

图 2.6 描述了通过 ADDTID 模型表征的 TID 方位角与速度关系的极坐标散点图。该模拟测试的采样时间长度为 24 h,使用了所有 GPS 卫星的真实 IPP 观测集,即包括与真实数据相同的高度和水平位置的 IPP 信息。图 2.6 显示,ADDTID

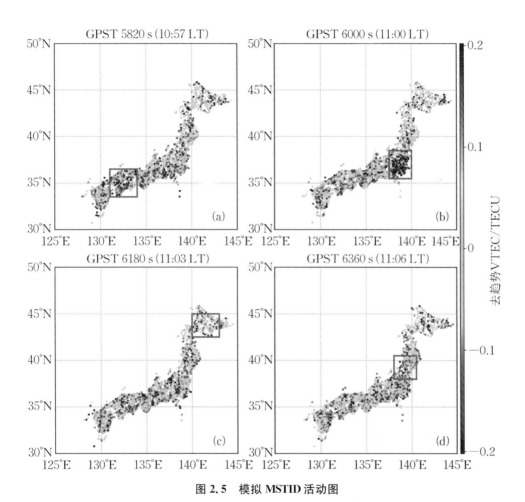

图 2.5　模拟 MSTID 活动图

注：IPP 位置来自 2011 年第 80 天的 GEONET，为 GPS 卫星 PRN 5（（a）～（d）图中四个
采样 GPS 时间 5820 s、6000 s、6180 s 和 6360 s），直流噪声区域用洋红色标记。

检测到了三个 MSTID,每个 MSTID 方位角的估计值都是高度准确的,但估计的速度呈现出一定的分散。本模拟场景中,我们设置的信噪比为 0 dB,选择这个信噪比是为了测试 ADDTID 在不利条件下的稳健性,这说明本模拟场景下估计的速度因受到变异性影响会远高于从真实数据中估计的结果。另外,模拟场景中的低信噪比对所有卫星的影响是一样的,而对于真实数据,信噪比取决于卫星高度角等观测条件。极坐标图中还使用直方图描述了 TID 的速度分布,显示出估计速度在统计分布上非常接近真实值。请注意,即使 $T_1(x,y)$ 的振幅最小,而且方位角的选择使其相对于 $T_2(x,y)$ 几乎成 $180°$,通过 ADDTID,两者的传播参数都能被正确估计。另一方面,对作为幅度最大的 $T_3(x,y)$ 的检测表征,速度估计上呈现出更少的变化性。

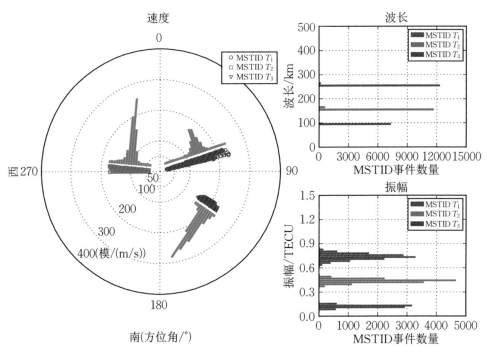

图 2.6　MSTID 估计极坐标图(速度与方位角)

注:左图表示速度模块的直方图叠加在极坐标图,右上图为估计的波长直方图,右下角为
　　振幅直方图。去趋势 VTEC 地图模拟数据源于 GEONET 网络所有 GPS 卫星观测数
　　据 IPP 信息集,高度 250 km,时间为 2011 年第 80 天。

　　估计的 MSTID 波长和振幅的直方图显示在图 2.6 的右边,波长的估计精度和方位角一致。另一方面,估计的振幅出现了系统性的向下偏差,但保持了一致的相对强度关系。这种对去趋势 VTEC 估计的向下偏差是由于方程 (2.14) 中的正则化项造成的,也是算法所固有的系统性偏差。但总体来说,在此模型环境下,估计的 MSTID 参数变异性都很小。从这个意义上来说,MSTID 的数量确定是正确的,也没有检测到伪 MSTID 事件。对存在的 MSTID 数量的确定是使用重新加权的 LASSO 进行的,详见第 2.6.7 节。LASSO 的初始估计可给出几个非常相似的可能候选者,重规范化的过程将与波独特性假说相符合的候选者进行结合。另外,需要强调的是,要检测的 MSTID 数量是一个自由参数,ADDTID 可以找到 MSTID 的有效数量以及它们的传播参数。

表 2.2 中显示的所有检测到的 MSTID 数量统计表明,尽管在去趋势 VTEC 地图中的 $T_1(x,y)$ 仅有大约 8.33% 的相对强度,但超过 50% 的事件可以被 ADDTID 检测和描述。另一方面,如果 MSTID 的相对强度超过 15%,那么几乎所有的事件 $(\geqslant 90\%)$ 都可以被正确恢复。

表 2.2　模拟场景中 MSTID 事件检测结果统计

TID	振幅/TECU	相对强度	模拟数量	检测数量	重建率
$T_1(x,y)$	0.3	8.33%	13337	7432	55.73%
$T_2(x,y)$	0.6	16.67%	13337	12446	93.32%
$T_3(x,y)$	0.9	25.00%	13337	12677	95.05%

小　结

我们已经提出了 TID 的原子分解检测器 ADDTID,一种全面的多 TID 检测模型,并将其成功地应用于模拟的大规模 GNSS 网络。

在后续章节中,我们将应用 ADDTID 从日本 GEONET 网络的 GNSS 观测数据中研究 2011 年 3 月 21 日春分日的多 MSTID 特征。作为 ADDTID 检测不同尺度 TID 的应用,特别是大规模 TID(LSTID)的扩展应用,我们将从北美大型密集的 GNSS 观测网络 CORS 中研究 2017 年 8 月 21 日北美日全食期间多尺度 TID 的行为。另外,我们将利用 ADDTID 描述 2011 年日本大地震海啸引起的复杂圆形 TID 事件特征和可能的驱动过程。

第 3 章　2011 年日本春分日季节性中尺度 TID 传播参数特征研究

3.1　简　　介

我们在 2011 年日本春分日这天测试了 ADDTID 的性能,这里将描述不同的现象,包括在时间和空间上与两个可能的 4.6 级和 4.9 级地震相匹配的圆形波模式。请注意,ADDTID 模型具有 TID 特征的自动表征与检测能力,其结果在去趋势 VTEC 地图上通过直接观测进行了确认。我们选择了 2011 年的第 80 天,即 3 月 21 日,2011 年春分日,并收集了该日日本境内所有站点的双频载波相位 GNSS 测量数据,即来自 GEONET 网络的 GNSS 数据。为了比较检测结果,我们借助了用一种经过验证的典型技术,即全面 GNSS 电离层干涉测量法 cGII[3],利用其表征的 MSTID 参数作为参考标准。我们将描述由 ADDTID 和 cGII 从同一 GNSS 数据中估算出的 MSTID 传播参数,并比较其相似性和差异。最后,我们将讨论与自然事件对应的 MSTID 相关发现。

3.2　双频载波相位 GNSS 观测数据描述

为了测试 ADDTID 模型,我们使用来自大规模密集的 GNSS 接收机网络观测数据来构建去趋势 VTEC 地图的时间序列。这些数据来自 GEONET 网络,它由密集分布在日本的 1200 多个 GPS 站组成[42],如图 3.1 所示。

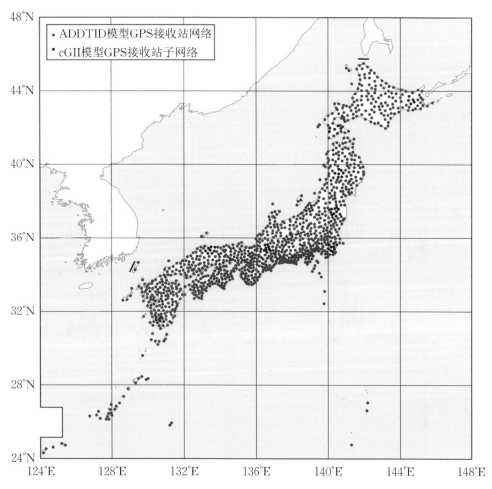

图 3.1　横版世界局部日本 GEONET 网络 GPS 接收站地理位置示意图

3.3　背景空间天气描述和 IPP 高度选择

我们选择了 2011 年第 80 天,即 3 月 21 日,春分日。根据经验,这一段时期的电离层会以较高的概率表现出丰富的 MSTID 类型,可能显示出频繁的类似冬季的白天特征[43],由晨昏线变化激发的夜间传播[44]以及在整天类似夏季的传播特征[45]。

　　根据报道,这一天原则上不存在由大中型地震和海啸等现象引起的扰动,即 GEONET 观测区域内没有相应电离层扰动的报告[46-47]。在图 3.2 中,2011 年第 80 天的冗余地磁活动指数,即行星 3 小时范围(Kp)指数、极光电急流(AE)指数和 赤道扰动风暴时间(DST)指数,表明没有观察到重大地磁风暴或强地磁活动[48]。 另外,图 3.3 中的太阳活动指数,即太阳黑子数量和 10.7 cm(2800 MHz)的太阳射 电辐射通量显示了安静的太阳活动[49]。

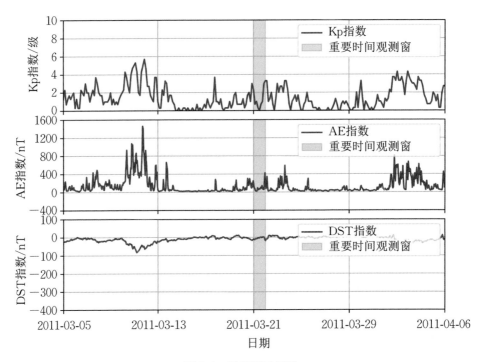

图 3.2　地磁活动指数

注:蓝线为行星 3 小时范围指数(Kp),红线为地磁极光电射流指数(AE),

品红线为磁暴环电流指数(DST)。

　　此外,图 3.4 显示这一天的电子密度峰值高度 h_mF_2 在 250~350 km 之间,均值 为 290 km。h_mF_2 气候值源自 2016 年国际参考电离层模型 IRI-2016[50-51]。一般来 说,最大 MSTID 发生在 h_mF_2 以下高度,这是因为 MSTID 是由中性粒子和带电离子 粒子之间的相互作用产生的[6]。我们假设最频繁的 MSTID 是在 h_mF_2 以下产生的, 因此,我们把 250 km 作为 MSTID 的平均有效高度,低于 290 km 的 h_mF_2 均值。

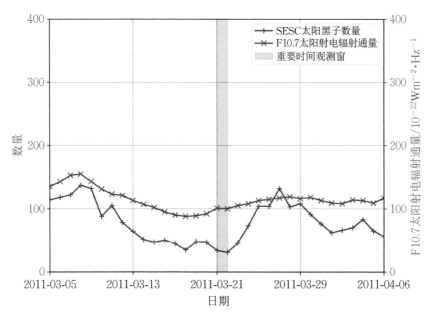

图 3.3　观测太阳活动指数

注:蓝线为 SESC 太阳黑子数量,红线为 F10.7 太阳射电辐射通量指数。

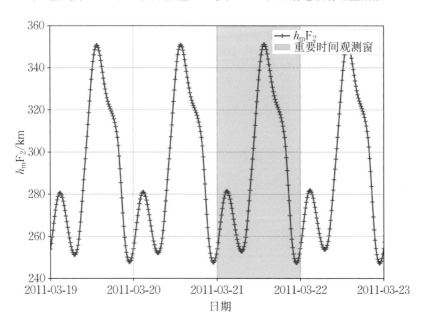

图 3.4　气候性 F_2 区域电子密度峰值高度 h_mF_2

注:位于北纬 25°~55° 和东经 125°~155° 区域,基于国际参考电离层(IRI)2016 模型。

3.4 MSTID 表征参考基准:cGII

3.4.1 模型概述

基于地面 GNSS 接收机组成的本地 GNSS 网络,GNSS 电离层干涉测量法,cGII 假设 MSTID 以平面波的形式从一个指定接收机(假设为参考)的视线路径上向其他接收机传播,详细模型如图 3.5 所示。

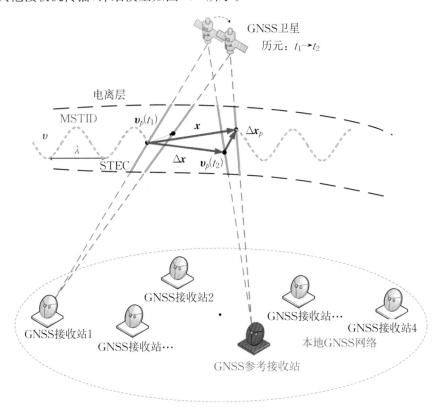

图 3.5　基于 GNSS 接收机网络的 MSTID 检测表征模型 cGII

注:Δx 是参考 GNSS 接收机与其他接收机之间的距离矢量,$v_p(t)$ 和 Δx_p 分别是 IPP 从
t_1 到 t_2 的速度和位移。此图例源自 Hernández 等人关于 cGII 的模型论述[25]。

在第一阶段,cGII 通过计算单接收机 MSTID 指数 SRMTID 来估计 MSTID 的发生率,即接收机所有可观测的 GNSS 卫星的去趋势 VTEC 的均方根。其次,通过计算其主要频率分量的复数相位差,即估算从参考接收机去趋势 VTEC 时间序列与指定接收机间的 MSTID 传播时间延迟,进而确定 MSTID 传播参数如速度、方位角、波长等。cGII 主要分为以下三步:

(1) VTEC 预处理,主要为去趋势和频谱分析;

(2) MSTID 传播延迟估计;

(3) MSTID 波参数计算。

需首先考虑的是,cGII 的应用场景是少量但密集分布的小规模 GNSS 接收机网络,参考接收机和其他接收机之间的距离应小于典型 MSTID 波长的一半。

3.4.2　MSTID 参数表征结果

从 cGII 算法的估计结果来看,从少量 GNSS 接收机组成的小规模网络中估算的 MSTID 可能不足以代表整个区域的 MSTID 活动情况,即几百甚至几千千米的地理范围内,正如我们在本章研究的日本 GEONET 观测网络的情况。因此,我们选择了八个网络子集来估计整个日本地区的 MSTID,同时考虑地理分布的情况,这些子集分布在 GEONET 网络中,见图 3.1 中蓝点所示。

图 3.6～3.9 分别描述了 cGII 从定义的八个 GNSS 子网中检测和估计到的所有 MSTID 方位角、波长、速度和周期,时期为 2011 年第 80 天全天。图中显示夜间检测到了少量的 MSTID 和白天频繁的 MSTID 事件。图 3.6 显示了在一天中不同方位角的两种 MSTID,在白天向赤道或赤道以东方向传播和在夜间向西或极地方向传播。图中还显示出这一天大部分 MSTID 波长、速度和周期分别集中在 125～300 km、100～300 m/s 和 750～1300 s 之间。作为另一种显示方式,即每小时速度与方位角的极坐标图,图 3.10 显示了全天 MSTID 传播参数的演变过程。图中颜色图显示的 MSTID 活动强度表明,白天的 MSTID 事件,特别是在当地中午时期的活动最为强烈,而在夜间则出现了一些强度较弱的 MSTID。这些特征可能是同时兼有冬季和夏季的典型 MSTID 季节活动特征。注意,在晨线经过期间(4:00～7:00 LT)表现出非常少和微弱的 MSTID 活动,在昏线历经期间(16:00～19:00 LT)则表现出分散的行为。

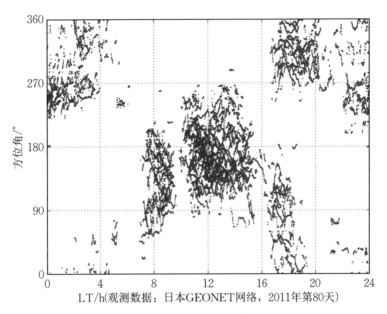

图 3.6 cGII 估计的 MSTID 方位角时间演变(00:00～24:00 LT)

注:观测数据来自 GEONET 网络的八个子网,及所有 GPS 卫星。

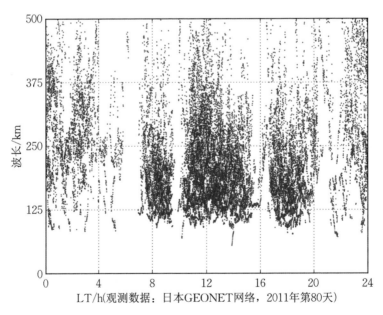

图 3.7 cGII 估计的 MSTID 波长时间演变(00:00～24:00 LT)

注:显示方案如图 3.6 所示。

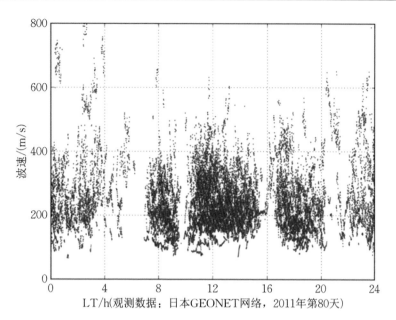

图 3.8 cGII 估计的 MSTID 波速时间演变(00:00～24:00 LT)

注:显示方案如图 3.6 所示。

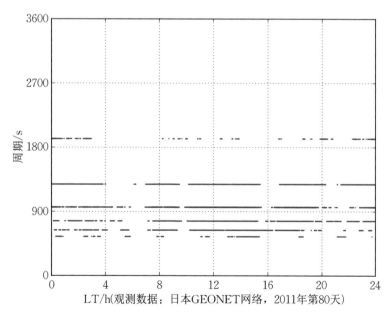

图 3.9 cGII 估计的 MSTID 周期时间演变(00:00～24:00 LT)

注:显示方案如图 3.6 所示。

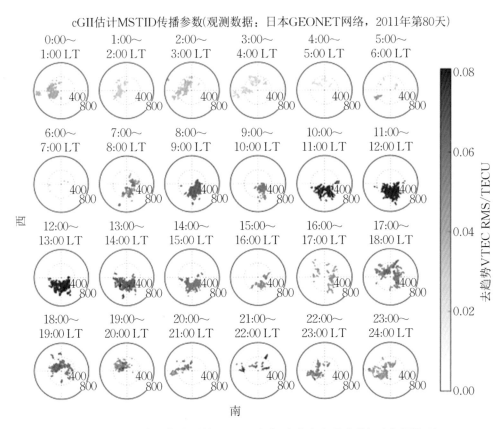

图 3.10 cGII 表征每小时的 MSTID 速度、方位角和强度的极坐标图阵列

注:速度单位为 m/s,方位角单位为°,强度通过可见卫星的去趋势 VTEC(单位为 TECU)
均方根加权表示并由颜色图表征,极坐标图按时间进行排列,结果来自 GEONET 网
络的所有 GPS 卫星。

3.5 ADDTID 表征 MSTID 传播参数

在这一节中,我们对来自日本 GEONET 网络的真实 GNSS 观测数据进行了
测试,这与 cGII 估计所用的数据完全相同。在接下来的章节中,应用 ADDTID 模
型,针对春分日 MSTID 传播特征,我们主要对以下结果进行了详细介绍:

① MSTID全局传播参数描述以及与 cGII 基准结果比较(第 3.5.1 小节);② 不同时段的多 MSTID 传播特征(第 3.5.2 小节);③ 同向传播但具有不同波长和速度的 MSTID 检测(第 3.5.3 小节);④ 相反方向传播的 MSTID 检测(第 3.5.4 小节);⑤ 无显著电离层事件的圆形 MSTID 检测(第 3.5.5 小节)。

3.5.1　MSTID 全局特征描述与比较

在本小节中,我们介绍应用 ADDTID 模型估计的全天 24 h MSTID 特性,源自所有 GPS 卫星。图 3.11～3.14 中分别对 MSTID 参数如方位角、波长、速度和周期的时间演变进行了详细的表述,时间周期为 0:00～24:00 LT。每个MSTID 由不同的颜色代码识别,且振幅由点的大小进行编码,即尺寸越大,振幅越高。在图 3.11 中,我们描述了每个 MSTID 的速度时间演变。结果表明了每个 MSTID 的速度、周期等的缓慢连续变化特征,这与 MSTID 传播特征随高度、时间等变化的物理特征相符,侧面证实了 ADDTID 模型连续跟踪参数缓慢变化的特性。在夜间,不同 MSTID 在 500～2700 s 周期范围内显示出了集体的高变化性。

在图 3.10 和图 3.15 中,我们比较了 cGII 和 ADDTID 模型估计的方位角时间变化演化特征。ADDTID 模型通过引入连续性约束,允许检测单个 MSTID,这极大地降低了估计噪声。MSTID 的时间序列也可以通过间隔一小时的方位角与速度的极坐标图来描述,如图 3.10 和图 3.15 所示,这两个模型的结果在方向和强度方面显示出高度的一致性。其主要的区别是,ADDTID 检测到的每个MSTID 方位角的离散度要低得多,而且可以区分出方位角相似的不同 MSTID。图中显示的强度间的区别在于,ADDTID 可估计单个 MSTID 振幅,并由点的颜色强度进行编码。cGII 相关图中描述的与 MSTID 强度有关的信息是所有卫星的去趋势 VTEC 均方根,即单接收器中尺度旅行电离层扰动指数(SRMTID),详见 Hernández 等人的详细描述[3],并根据颜色强度进行编码。从图 3.10 和图3.15 中均可观察到明显的速度分散,清晰地描述了 MSTID 速度在对应时间间隔内的连续变化。

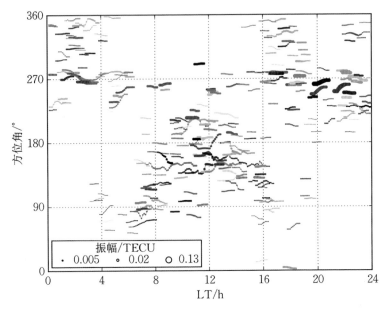

图 3.11　ADDTID 估计的 MSTID 方位角时间演变(0:00～24:00 LT)

注:每个 MSTID 用颜色编码,MSTID 振幅用点大小表示,来自
GEONET 网络的所有 GPS 卫星,在 2011 年第 80 天。

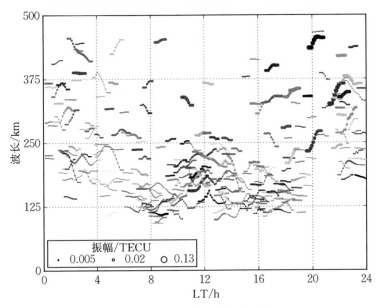

图 3.12　ADDTID 估计的 MSTID 波长时间演变(00:00～24:00 LT)

注:显示方案如图 3.11 所示。

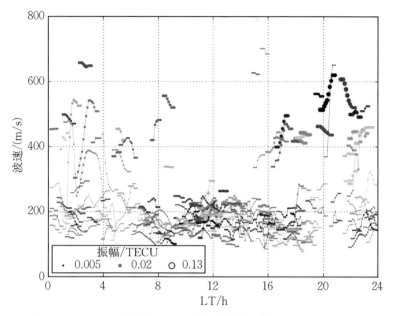

图 3.13　ADDTID 估计的 MSTID 波速时间演变(00:00～24:00 LT)

注:显示方案如图 3.11 所示。

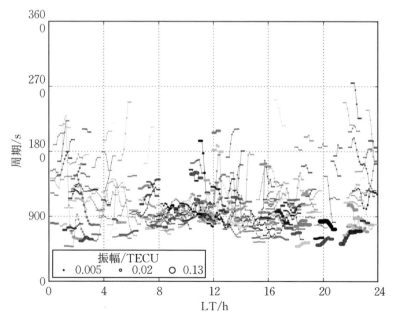

图 3.14　ADDTID 估计的 MSTID 周期时间演变(00:00～24:00 LT)

注:显示方案如图 3.11 所示。

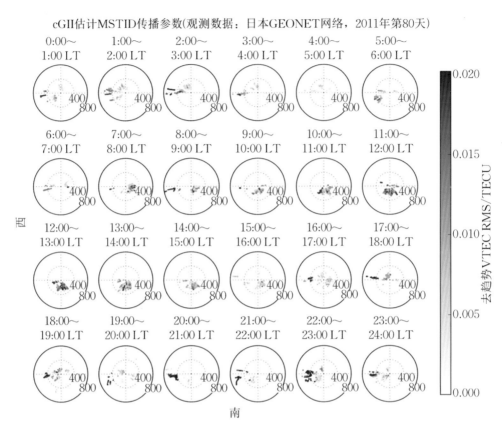

图 3.15　ADDTID 表征每小时的 MSTID 波速、方位角和强度的极坐标图阵列

注：速度单位为 m/s，方位角单位为°，强度通过 MSTID 振幅（单位为 TECU）均方根加权表示
并由颜色图表征，极坐标图按时间进行排列，结果来自 GEONET 网络的所有 GPS 卫星。

3.5.2　不同时段的多 MSTID 传播特征

本节中，我们将介绍 ADDTID 模型在中午和午夜时段对单颗 GPS 卫星 IPP 观测集中 MSTID 特性的估计性能。我们检查了一天中两个典型时段的性能，即 10:00～12:00 LT 的 GPS 卫星 PRN 5 观测集和 1:00～3:00 LT 的 GPS 卫星 PRN 7 观测集。选择 GPS 卫星 PRN 5 是因为它的 IPP 去趋势 VTEC 观测集中同时出现了几个振幅相似的 MSTID，而选择 GPS 卫星 PRN 7 是为了测试当强 MSTID 的振幅明显高于弱 MSTID 时，对 MSTID 的同时检测能力。

通过直接检查，可从图 2.2 中发现，在卫星 PRN 5 的 11:00 LT 左右，显示了几个同时发生的 MSTID 波前传播模式。在地图中，可以测量到两个主导 MSTID，分别向赤道以东和赤道以西方向传播，波长约为 135 km 和 180 km，速度分别为 150～200 m/s 和 200～250 m/s。图 2.3 显示了夜间向西北方向传播的主导 MSTID，其波长在 250～300 km 之间，速度在 125～200 m/s 之间。

在本地白天时段，几个 MSTID 均出现了相似的振幅，但在夜间情况下，在某一特定时间，一个 MSTID 的振幅明显高于其他的。ADDTID 模型给出的结果与直接检查分析是一致的。在图 3.16 和图 3.17 中，我们显示了通过 ADDTID 模型

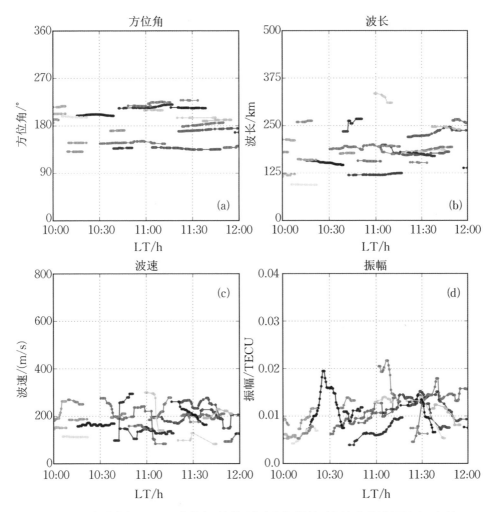

图 3.16　当地中午 MSTID 方位角、波长、波速和振幅的时间演变估计(图(a)～(d))
注：来自 GEONET 网络 GPS 卫星 PRN 5 观测集，在 2011 年第 80 天。

对卫星 PRN 5 和卫星 PRN 7 的 MSTID 参数估计的时间演变。不同的 MSTID 事件由颜色代码来代表。图 3.16 显示了几个 MSTID 在 10:00～12:00 LT 的时间间隔内的演变。方位角时间序列显示了不同 MSTID 的重叠和连续性,在不同时刻有多达三个不同的 MSTID。图 3.17 显示了 PRN 7 卫星在夜间的演变。ADDTID 模型除了检测主要的 MSTID 外,同样具备检测到多个不同 MSTID 的能力。占主导地位的 MSTID 与在图中看到的方位角一致,如图 3.17 所示。另外,结果显示了 ADDTID 模型具备了能够跟随检测的 MSTID 参数随时间变化发生漂移的特性。

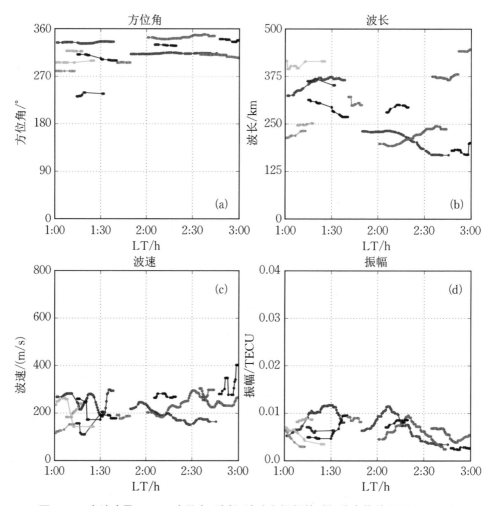

图 3.17 当地凌晨 MSTID 方位角、波长、波速和振幅的时间演变估计(图(a)～(d))

注:来自 GEONET 网络 GPS 卫星 PRN 7 观测集,在 2011 年第 80 天。

MSTID 的估计分布遵循春分日期间的典型白天和夜间模式。在白天,特别是在当地中午附近(8:00~16:00 LT,见图 2.2、3.11 和 3.15),电离层处于最强活动状态。通过 ADDTID 可检测到多个同时发生的 MSTID。这些 MSTID 的振幅在 0.02~0.1 TECU 的范围内,方位角从朝北到赤道或赤道东,速度在 100~300 m/s 之间,波长在 120~250 km 之间,周期在 600~2000 s 之间。MSTID 在春分日的白天行为与在冬季白天行为一致,这些相似之处也在 GEONET 网络的数据观测[52] 和加利福尼亚 GPS 网络中进行了验证[43]。

与白天相比,MSTID 活动在一天中的其余时间里更弱,更不规则。这是由于 MSTID 在夜间和晨昏线期间的总体强度较小,如图 3.11 所示。在夜间(即 00:00~04:00 LT 和 20:00~24:00 LT),主要的 MSTID 的振幅在 0.005~0.13 TECU 之间。从图中 MSTID 的参数分布特点来看,可以将夜间 MSTID 分为两类:振幅在 0.005~0.02 TECU 范围内的夜间弱 MSTID 以及振幅在 0.02~0.13 TECU 范围内的夜间强 MSTID。夜间弱 MSTID,占估计的夜间 MSTID 总量的 80%,全部向西传播(西南/西北),速度在 100~250 m/s 之间。这与夏季 MSTID 的夜间行为相一致[3]。波长在 150~450 km 的范围内,显示出比夏天(50~250 km)的高得多的变化性[3]。其估计的波长范围与其他提到的冬季/夏季 150~500 km 的范围一致[18]。夜间微弱 MSTID 传播特征与其他观测事件中提到的中纬度地区赤道夜间 MSTID 的案例研究相符[45, 52]。上述特性在去趋势 VTEC 地图(图 2.3)和图 3.11~3.14 和 3.15 中的估计中得到了总结和验证[3]。

与其他较弱的活动相比,夜间强 MSTID 表现出更高的速度和更短的周期。此类强 MSTID 的振幅最高可达 0.13 TECU。但波长具有更高的平均值和分散性,速度在 400~600 m/s 的范围内,这与图 3.11~3.14 中描述的 MSTID 整体特征是一致的。具有一致性分布的速度分量特征同时在 cGII 和 ADDTID 两种模型的结果中呈现,如图 3.10 和图 3.15 所示。图 3.19 显示了 20:00~21:00 LT 之间的时间间隔,其中发现了两个速度超过 400 m/s 的 MSTID。这个速度范围与 Deng 等人的相关报道[24] 相吻合。该报告中描述了当地早晨的一个快速 MSTID(约 8:00 LT),自东向西传播经过德国,速度约为 700 m/s,周期为 420 s,波长为 302 km。

在晨线和昏线经过日本 GEONET 网络期间(4:00~8:00 和 16:00~20:00 LT),在赤道向东和赤道向西两个方向上出现了 MSTID,如图 3.11 和图 3.14 所示。在晨线经过期间,向西的 MSTID 比较弱,而赤道向东的 MSTID 比较强,并且在昏线经过期间显示出相反的传播行为。这些特征同样也在 Kotake 和 Otsuka 等人的报道中被提及[43, 52],即美国加利福尼亚地区 GPS 网络的晨昏线经过期间观测到类似的主要 MSTID 传播特征。对于此类 MSTID 活动的产生,一个可能的解释是对于晨昏线经过期间的 MSTID 传播方向与大气中性风方向相反,而大气中性风总是从白天地区吹向夜晚地区。另一个一致的观察结果是赤道 MSTID 具有磁流体动力学(MHD)的性质,并在昏线经过后立即产生[44]。

3.5.3 同向传播的不同 MSTID 传播特征

图 3.18 显示了两个不同 MSTID 的存在,其方位角相同,但具有不同的波长和速度。为了更清楚地显示这两个波的叠加关系,我们将去趋势 VTEC 投射到传播方位角的方向上,并进行叠加,如图中紫色曲线所示。

图中的两个 MSTID(20:00～21:00 LT)显示向西或赤道以西方向传播,速度相似,约为 500 m/s,但波长却不同,约为 450 km 和 250 km。从这些数字可以看出,红色标记的主导 MSTID 波长约为 450 km。这产生的紫色投影波形遵循两个不同振幅的正弦波的叠加形式,一个振幅是约 0.06 TECU,另一个约 0.09 TECU。值得注意的是,传播参数时间演变图表明,波长较长的 MSTID 是主要的 MSTID,这与投影的波形图相吻合,即为一个高振幅、长波长的正弦波与一个低振幅、短波长的正弦波之和。这两个 MSTID 的检测和表征是通过检查 ADDTID 模型估计的传播参数时间序列发现的,如图 3.19 所示。具有这类 MSTID 特征的检测可以利用基于 ADDTID 估计参数时间演变的简单规则自动进行。

3.5.4 反向传播的不同 MSTID 传播特征

图 3.20 和 3.21 显示了两个 MSTID 以相反的方位角传播并具有不同参数特征的事件。这两个相对运动的波前出现在夜昼交替之前,时间大约为 5:00 LT,可以从去趋势 VTEC 地图(图 3.20)上清楚地观察到。

这两个 MSTID 估计的振幅相似,约为 0.005 TECU,观测时间阶段在 4:30～5:30 LT。第一个 MSTID 向东北方向传播,位于地图的东北角。这个 MSTID 可以通过传播快照进行清楚地区分,其由一个狭窄的波阵面组成,波长约为 140 km。第二个 MSTID 传播特征同样非常清晰,由一个较平坦而宽的波阵面组成,向西或赤道以西方向传播。这个 MSTID 位于地图的西南角,波长约为 200 km。同样地,这两个 MSTID 是通过检查 ADDTID 模型估计的 MSTID 参数特征时间序列发现

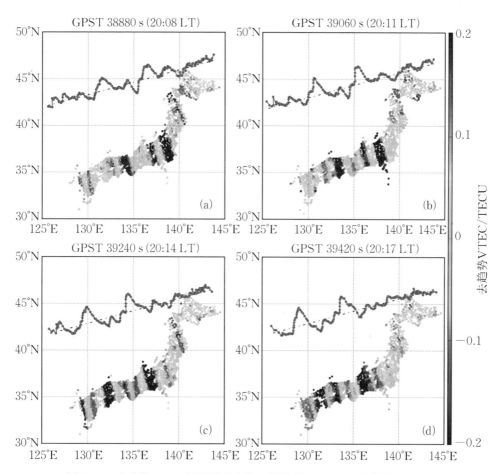

图 3.18　去趋势 VTEC 地图显示夜间不同波长 MSTID 同向传播演变过程

注:时间为 2011 年第 80 天夜间,20:08~20:17 LT,GPS 时间为 38880 s、39060 s、39240 s
　　和 39420 s,源于日本 GEONET 网络,GPS 卫星 PRN 31。图(a)~(d)分别显示了去趋
　　势 VTEC 地图中两个不同波长 MSTID 传播快照,以及去趋势 VTEC 在对传播方向上
　　的投影,并以紫色编码,单位为 TECU。

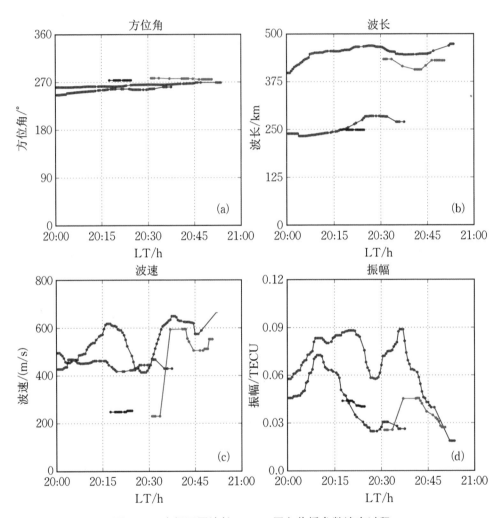

图 3.19　夜间不同波长 MSTID 同向传播参数演变过程

注：时间为 2011 年第 80 天，源于日本 GEONET 网络，GPS 卫星 PRN 31。图(a)～(d)
　　分别显示了这两个 MSTID 在夜间(20:00～21:00 LT)按方位角、波长、波速和振幅
　　的相应时间变化。

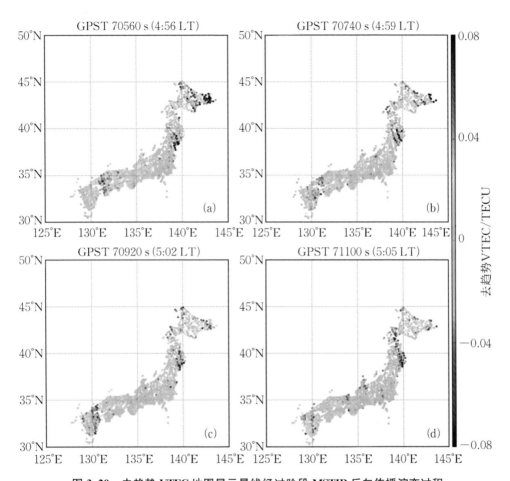

图 3.20　去趋势 VTEC 地图显示晨线经过阶段 MSTID 反向传播演变过程

注：时间为 2011 年第 80 天早晨，4:56～5:05 LT，GPS 时间为 70560 s、70740 s、70920 s
和 71100 s，源于日本 GEONET 网络，GPS 卫星 PRN 28。图(a)～(d)分别显示了去
趋势 VTEC 地图中两个 MSTID 反向传播快照，单位为 TECU。

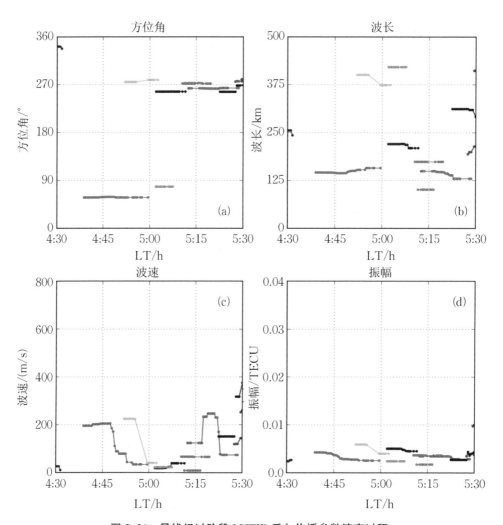

图 3.21 晨线经过阶段 MSTID 反向传播参数演变过程

注:时间为 2011 年第 80 天,源于日本 GEONET 网络,GPS 卫星 PRN 28。图(a)~(d)
分别显示了这两个 MSTID 在早晨(4:30~5:30 LT)按方位角、波长、波速和振幅的
相应时间变化。

的,方法是搜索同时刻下方位角之差约 180°的 MSTID,并在去趋势 VTEC 地图上进行确认。

3.5.5　无特殊电离层事件的圆形 MSTID 传播特征

本节我们主要介绍在没有特殊或重大电离层事件的环境里对环形 MSTID 的探测,关于电离层背景的介绍见第 3.3 节的相关描述。在图中,我们展示了去趋势 VTEC 地图时间演变快照(图 3.22)和估计参数的时间序列(图 3.23)之间的对应关系。

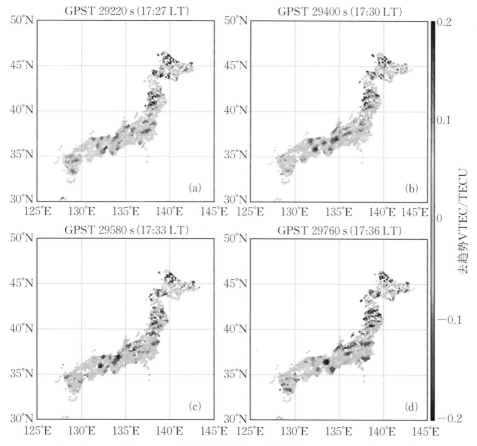

图 3.22　去趋势 VTEC 地图显示昏线经过阶段圆形 MSTID 波前演变过程

注:时间为 2011 年第 80 天早晨,17:27~17:36 LT,GPS 时间为 29220 s、29400 s、29580 s 和 29760 s,源于日本 GEONET 网络,GPS 卫星 PRN 14。图(a)~(d)分别显示了去趋势 VTEC 地图中圆形 MSTID 传播快照,单位为 TECU。

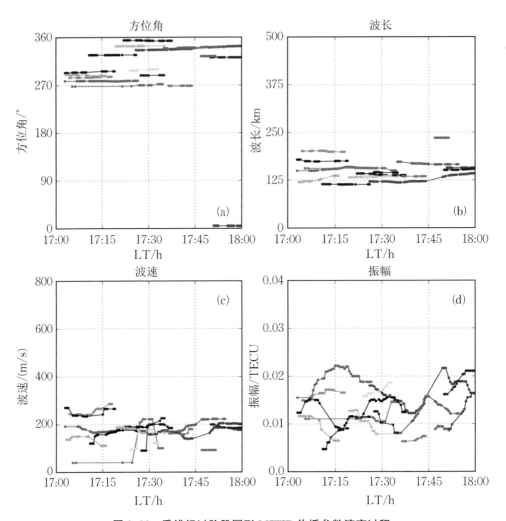

图 3.23　昏线经过阶段圆形 MSTID 传播参数演变过程

注:时间为 2011 年第 80 天,源于日本 GEONET 网络,GPS 卫星 PRN 14。图(a)~(d)
　　分别显示了这两个 MSTID 在傍晚(4:30~5:30 LT)按方位角、波长、波速和振幅的
　　相应时间变化。

　　尽管 ADDTID 模型被设计为平面波的检测表征模型,但通过观察传播参数的
时间演化,我们观察到 ADDTID 检测到的几个 MSTID,其传播方位角与图 3.22
中观察到的圆形波的局部平面波形近似值相一致。此前,电离层扰动的圆形
MSTID 波已经被报道,见 Tsugawa 等人在 2011 年日本大地震事件中观测的

TID[53],其中,圆形波可以平面波的局部波阵面形式出现在给定 GPS 卫星的每一组 IPP 的去趋势 VTEC 集中,该观测与我们的发现是一致的。通过在地图上进行直接估算,得到的结果几乎等于如图 3.23 所示的参数。这种直接估计是根据地图上不同区域的波阵面在特定时间内的局部斜率实现的,例如在 17:30 LT 左右西北方向的传播方位角。这些平面波的局部近似值均为西北方向的传播,其他参数有共同的值,如波长约 100~200 km,速度约 120~200 m/s,周期约 1000 s。此外,每个 MSTID 相关的波长和速度都显示出时间低变化性。平面波的振幅交替出现,这可能是由二维平面波模型拟合圆形波的局限性导致的,但这些结果揭示出这些检测到的 MSTID 都具有几乎相同的能量。请注意,波长和速度值之间的差异可能是因为日本 GEONET 网络形状的不规则产生的;精度的不同是因为在中心地区,观测站更多,而在北部或南部,观测站数量更少。最终,通过简单的规则,可以从 ADDTID 估计的参数时间演变中自动检测出 MSTID 的圆形波特征。

本圆形 MSTID 波的发现得益于新的 ADDTID 模型的高精确度和敏感度,这个圆形扰动事件可能是由事件发生时间 3 min 内产生的两次小规模地震产生的,时间分别为 17:26 LT 和 17:29 LT,震级为 4.9 级和 4.6 级。根据报道,地震发生在探测到的圆形波的前几百秒,并且震中与圆形波圆心相吻合。类似的先例如在 2011 年日本东北地震发生时在日本上空探测到的圆形波扰动[53],在地震发生后约 7 min 后被检测到。这一发现的新颖之处在于,尽管地震震级相对较低,但时间和位置高度相关的电离层扰动还是被探测到了,这与以前对大地震(震级大于 6 级)所涉及的研究不同,其驱动过程的物理机制还需要更深入的研究和解释。

小　　结

在本章中,我们应用了 TID 的原子分解检测器(ADDTID)模型,这是一种全面的多 MSTID 检测技术,可应用于大规模密集的 GNSS 观测站网络中,如日本 GEONET 网络、美国 CORS 网络。我们提出的模型改进了以前的 cGII 模型[3],即 ADDTID 可以同时检测不同的 TID 平面波并估计其参数。将新模型 ADDTID 的估算结果与作为参考基准的 cGII 模型进行了比较。该模型表征的一般 MSTID 特性与以前的研究结果一致[3,6,18-19,54-55]。该模型对研究 MSTID 的主要贡献可以总结如下:

(1) 检测了同时发生的 MSTID 分布和传播参数跟踪,即方位角、速度、振幅和

波长的时间变化,并确定在某一时刻存在的 MSTID 数量;

(2)在夜间和晨昏线经过期间观察到了速度远高于 $400 \sim 600$ m/s 的 MSTID;

(3)检测了同时发生的具有相同方位角的不同 MSTID;

(4)探测到一组圆形波,与两个连续发生的低震级地震在时间和空间上相吻合;

(5)基于 ADDTID,可创建规则自动寻找具有特殊分布的 MSTID 事件。

在下一章中,我们将应用 ADDTID 模型研究不同尺度的多 TID 特征,特别是大尺度 TID(LSTID),在 2017 年 8 月 21 日北美日全食期间,利用另一个大型密集 GNSS 观测网络进行检测和表征。

第 4 章 2017 年北美日全食电离层 TID 响应与多尺度参数特征研究

4.1 简　介

日食为研究电离层对太阳辐射快速和短暂的变化反应提供了一个独特的机会。日食的影响是产生具有不同特征和行为的 TID 扰动,这是由不同高度的月影区域的热平衡相互作用引起的。这些扰动一般可以归因于不同的现象,在许多先例研究中已经从理论和实验上进行了描述。通常,电离层对日食的反应可以通过各种观测技术,如非相干散射雷达[56]、无线电测温仪[57]、全球导航卫星系统电离层探测与双频测量[58]以及单频 GNSS 数据[59]等来研究。

Salah 和 Le 等人观察到电离层 F 区的电子密度持续显著下降,这是电离层中电离辐射减少的直接后果[56, 60]。Chimonas 和 Hines 指出,当月影以超音速掠过时,由日食引起的辐射冷却效应在中性大气中产生的重力波可能建立起可传播到电离层 E－F 区的弓形波并形成 TID[61]。此外,Chimonas,Eckermann 和 Fritts 等人对大气重力波弓形波的发生、结构和特征进行了详细建模和分析[62-64]。Cheng,Davis 和 Zerefos 等人观测到月球遮挡太阳期间电离层 D－F1 区域大气重力波的波状电离层扰动,但由于观测条件限制,且存在其他较大的因素影响,如地磁活动、晨昏线影响等,所以其仅报道了 TID 与弓形波特征表现出弱而模糊的关联性[65-67]。特别地,利用大规模密集地面 GNSS 观测网络作为全球电离层传感器网络,探测和描述电离层电子密度波动时空变化特征,并用来测量由月影过境产生的电离层扰动。Liu 等人介绍了 2009 年 7 月 22 日日食期间引起的电离层中的弓形波和尾形波观测,尽管如此,由于全球导航卫星系统网络仅部分覆盖了受影响的电离层区域,因此观测在一定程度上是不完整的[68]。

在 2017 年北美日全食案例中,本影穿越了整个美国地区,本工作的主要贡献在于详细描述了电离层对日食过境的复杂响应过程。本案例的学习是基于日全食经过的北美密集覆盖的 GNSS 观测网络完成的。在此日全食事件的先例学习中，Hernández-Pajares 等人展示了日食期间全球 TEC 下降的足迹[59]。Coster 等人注意到美国上空出现一致的、明显的 TEC 下降和在本影过境期间大范围 TID 事件的细节描述[58]。Zhang 等人展示了日食引起的电离层扰动的三种不同模式及其大致特征，如沿本影路径的弓形 TEC 下降、大气重力波形成的电离层弓形波和大尺度电离层扰动波的明显行为[69]。Nayak 和 Yiğit 展示了两种不同强度的大气重力波形成的 TID，较强的扰动发生在本影路径沿线，另一种发生在日食量较小的区域[70]。最后，Sun 等人描述了具有大尺度 V 形波阵面特征的电离层 F 区域发生的冲击波事件[71]。这些利用密集 GNSS 网络所做的观测与 Huba 等人的 TEC 变化预测[72]、大气-电离层响应模拟[73-74]以及基于其他技术[75-76]的电离层观测一致，表明了地面密集的 GNSS 网络有能力准确探测到日食引起的电离层干扰。

在上述文献中，大多数作者通过直接检测的方式分析了基于去趋势 TEC 地图的日食产生的电离层扰动。相比之下，在本工作中，我们将使用 ADDTID 模型，从 GNSS 网络的大量测量数据中自动检测日食期间的 TID 特征。这些测量值包括电离层所有高度的本影与半影沿线区域的可观察的波动和可能的重力波形成的弓形波。为确定检测表征结果，我们将利用观察到相关现象的去趋势 VTEC 地图的视觉表示法来比较每一个由 ADDTID 模型估计的扰动。

综上，这项工作的主要贡献是能够建立多个同时发生的时变 TID 的快速检测和表征模型，并对 2017 年北美日全食相关的电离层扰动进行时空描述。为此，我们使用了 ADDTID 模型，理论背景和实施细节见第 2 章，该模型可以检测多个同时发生的 TID，并以时间序列的形式得到每个波的波长、方位角和速度等参数的演变特征。

4.2　观测数据与背景空间天气描述

为了描述日全食对北美上空电离层的影响，我们使用了 GNSS 观测站网络的数据，源于美国国家大地测量局（NGS）的连续运行参考站（CORS）网络[77]。该网络由密集分布在美国的近 2000 个地面连续 GNSS 站组成,如图 4.1 所示。

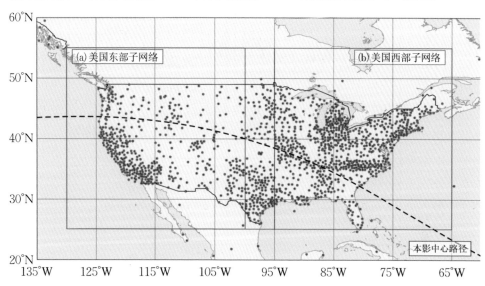

图 4.1　美国 CORS 网络 GNSS 接收站地理位置

注:品红点表示 GNSS 观测站位置,黑色虚线表示本影路径,蓝色矩形框
表示 CORS 的西部子网络,红色表示东部子网络。

日全食期间,行星 3 小时范围指数 Kp≤3,地磁活动非常弱[78],AE 指数≤
500 nT,极区活动适中[79],如图 4.2 所示。图 4.3 中记录了日全食期间安静的太阳
活动[80]。另外,也未见重大地震或海啸等自然灾害现象引起的重大扰动,即在
CORS 观测区域内没有相应的电离层扰动[81-82]。

4.3　GNSS 电离层扰动的初步分析

在本节中,我们对日全食期间发生的电离层扰动情况进行了初步分析,主要由
两部分组成:① 双频载波相位 GNSS 数据预处理方法介绍,与去趋势 VTEC 数据
的计算(见第 4.3.1 小节);② 通过对去趋势 VTEC 地图的直接检查,对电离层扰
动特征进行整体概述(见第 4.3.2 小节)。

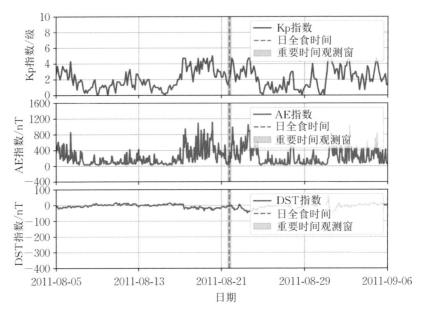

图 4.2 地磁活动指数

注:蓝线为行星 3 小时范围指数(Kp),红线为地磁极光电射流指数(AE),
品红线为磁暴环电流指数(DST)。

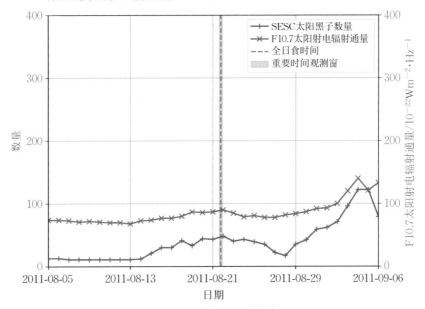

图 4.3 观测太阳活动指数

注:蓝线为 SESC 太阳黑子数量,红线为 F10.7 太阳射电辐射通量指数。

4.3.1　GNSS 预处理与去趋势技术

对 GNSS 数据的预处理与第 2.2 节介绍的方法类似。主要是从 GPS 双频载波相位 $L_1(t)$ 和 $L_2(t)$ 获得电离层组合 $L_I(t)$，即为 $L_1(t) - L_2(t)$ 之差。$L_I(t)$ 是 STEC 的一个仿射函数，我们将其表示为 $S(t)$。这个函数由一个线性系数和一个截距组成，它考虑到了载波相位的模糊性和相位缠绕项。$S(t)$ 的主要成分是 TEC 趋势，如昼夜变化和低频高能的仰角变化，我们将其表示为背景成分。此外，另一部分具有不同频率特性的 $S(t)$ 成分，它是电离层波状扰动，如 TID。

用于分离 TID 和背景分量的方法，包括计算测量 $L_I(t)$ 时间序列的双差分方法，其差分结果表示为 $\tilde{S}(t)$[6]。如第 2.2 小节所述，考虑到 $L_I(t)$ 在没有发生新周跳时截距几乎不变，同样地，我们将时间序列 $L_I(t)$ 分为由周跳定义的独立子序列，因此可以用双差分法来进行消除，见式(2.2)。而双差分时间间隔决定了 $\tilde{S}(t)$ 中 TID 的增强频带带宽和范围。虽然目前关于日食期间产生的电离层扰动频谱特征没有达到明确的一致意见，较为典型的是，Chimonas，Nayak 和 Zhang 等人的研究表明日食期间的 TID 周期性特征大概为 20～60 min[61,69-70]。因此，我们为双差分法构成的带通滤波器选择了 $\Delta t = 600$ s，以强调日食引起的 TID。根据滤波器特性，其可极大地限制周期为 10 min 的典型 MSTID 的影响[3]。在此情况下，其平坦通带允许对周期为 12～60 min 的 TID 有极高的敏感度，并以低于 1/2 的系数衰减其他邻近频率的波。

由于不同仰角的 TID 时间演化是通过去趋势 VTEC 观测 $\tilde{V}(t)$ 估算的，而 $\tilde{V}(t)$ 是去趋势 STEC 观测 $\tilde{S}(t)$ 通过映射函数 $M(t)$ 的投影[31]，即 $\tilde{V}(t) = \dfrac{\tilde{S}(t)}{M(t)}$，见第 2.2 小节。这种方法假定以 $\tilde{S}(t)$ 代表的 TID 事件发生在电离层穿刺点 IPP 上。这些 IPP 位于电离层单层模型的薄壳上，其平均有效高度与我们假设 TID 通常发生的高度相对应。此外，我们放弃了仰角小于 15° 的 GNSS 观测数据，作为获得足够多的 TID 波阵面观测信息和低仰角映射函数误差影响之间的妥协。

本案例学习中，我们把 250 km 作为检测这些电离层扰动的平均有效高度。主要理由如下：

（1）如前所述，MSTID 活动一般发生在电子密度峰值高度 h_mF_2 以下的区域，理由是 MSTID 是由中性粒子和离子粒子之间的相互作用产生的[6]；

（2）对于本日全食事件，Huba 等人预测电子密度将在 150～350 km 之间的

E—F 区域减少,因此该区域为 TID 事件发生的最大可能高度[72];

（3）经过详细观测,Nayak 和 Zhang 等人指出,日食期间的电离层显示最大扰动的高度通常在 h_mF_2 以下的 E—F$_1$ 区域,作为对日食引起的大气重力波的响应,这与典型 MSTID 发生高度一致[69-70];

（4）Zhang 和 Sun 等人报道了由日食诱导的大尺度 TID 应在 F 区产生[69, 71];

（5）根据国际参考电离层 IRI 经验模型,日全食当天的电子密度峰值高度 h_mF_2 分布在 240～310 km 之间,尤其在月影经过美国期间,高度分布为 240～270 km[50-51],如图 4.4 所示。

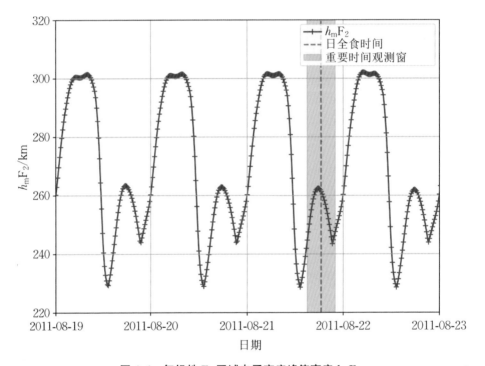

图 4.4 气候性 F$_2$ 区域电子密度峰值高度 h_mF_2

注:位于北纬 10°～70°和西经 45°～135°区域,基于国际参考电离层(IRI)2016 模型。

此外,TID 检测对每颗 GPS 卫星的 IPP 观测集都是独立进行的,这是因为,从不同卫星的去趋势 VTEC 地图上测得的 TID 活动,实际上可能发生在不同的高度。此应为利用 ADDTID 模型进行分析时首要考虑的一个物理事实。

4.3.2   日全食期间的电离层扰动概括

在这项工作中,我们研究了 250 km 高度上的月影变化和运动,特别是本影区域以及遮蔽度分别为 0％、25％、50％、75％ 和 90％ 等遮蔽度半影区域,参见 Montenbruck 等人的估算方法[83]。同时,对日食期间的全球水平辐照度变化也进行了模拟,参见 Andrews 等人的数值模型[84]。如图 4.5 所示,图中的等遮蔽半影线和本影线与模拟的全球水平辐照度是叠加显示的。

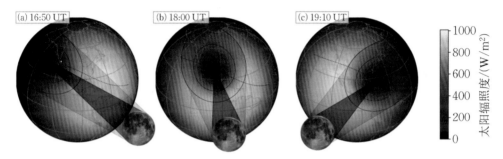

图 4.5   2017 年北美日全食事件中半影、本影和太阳辐照度在日食三个时刻的变化
注:蓝色实线圆圈表示 0％、25％、50％、75％、90％遮挡率下的半影以及本影,
蓝色虚线表示日食全貌,彩图表示 250 km 高度的全球水平辐照度。

在图 4.6 中,我们显示了日食在美国 CORS 网络上空过境整个阶段的电离层扰动。这些去趋势 VTEC 地图是基于 GNSS 观测数据进行反演的,见第 4.3.1 小节中的描述。通过此图,我们描述了所有 GPS 卫星在日食期间具有代表性的 6 个时刻快照,即 16:50 世界时(UT)、17:15 UT、17:30 UT、18:00 UT、18:45 UT 和 19:05 UT 的去趋势 VTEC 地图。除了这些信息外,我们还显示了本影和不同遮挡程度的半影信息。此外,通过叠加显示了当本影区域在太平洋上空时,从 0％ 到 90％遮蔽度的等遮蔽度半影线。注意,等遮蔽度半影线是在 250 km 的高度上计算的,细节如图 4.5 所示。一个直接快速的结论是,一组大规模的电离层扰动沿着本影区域移动之后的轨迹从西北向东南传播,这也被称为 VTEC 下降,作为对冷却效应的响应[58, 69]。此外,在本影到达之前或之后可以清楚地观察到几个大尺度电离层扰动,同时在半影和本影区域均出现大量的中尺度电离层扰动。

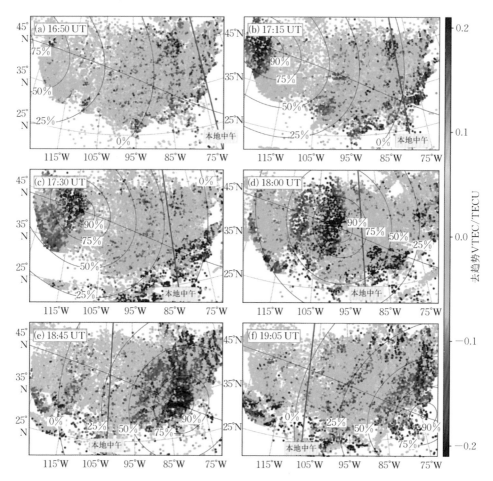

图 4.6　去趋势 VTEC 描述的日食期间电离层扰动时间演变

注：(a)～(f)分别表示在标准时间 16：50 UT、17：15 UT、17：30 UT、18：00 UT、18：45 UT

　　和 19：05 UT 的去趋势 VTEC 地图。白色弧线表示在 250 km 高度的 25%、50%、

　　75%、90%的半影和本影。品红线表示在 250 km 高度的当地正午位置。

为了直观清楚地表达电离层扰动如波速等传播参数,在图 4.7~4.9 中,我们根据日全食本影的移动方向和区域,选取了去趋势 VTEC 地图的不同地理区间绘制了 Keogram 图。图 4.7 显示了日全食期间电离层扰动的整体演变过程,选取了中心纬度为北纬 37.5°、宽度为 5°的纬向区域,以及中心经度为西经 97.5°、宽度为 5°的经向区域,并标注了不同等遮蔽度的半影纬向/经向线。在 16:40 UT 左右,即本影到达所选取区域前,一个大尺度电离层扰动出现在等遮蔽度线为 50%的半影到达位置,如图 4.7(a)、图 4.8 和图 4.9 所示,表现为大尺度行进式电离层扰动 LSTID 的传播特性。而另一个类似特征的大尺度扰动出现在本影离开后的 50%~75%等遮蔽度的半影区域中,大约从 18:00 UT 开始。另一方面,如图 4.7 所示,大尺度电离层扰动清晰显示出向南和向东的快速传播特性,并分别在 17:10 UT 和 18:00 UT 左右穿过所选取的两个区域,这与图 4.6 中描述的特征高度一致。在 18:20 UT 左右,即本影以较低速度运动期间,电离层扰动位置与本影之间的时间延迟差异是正的,而且很小,见图 4.7(a)。在 17:55~18:05 UT 时,即当本影区域

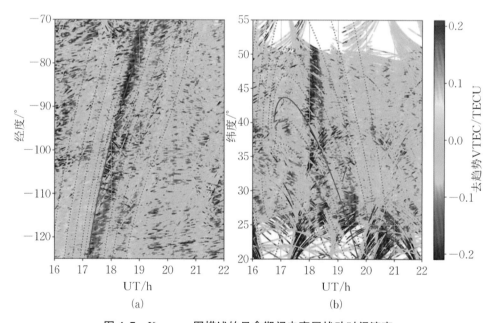

图 4.7　Keogram 图描述的日食期间电离层扰动时间演变

注:(a)和(b)表示分别沿经度和纬度组织,数据集分别为北纬 35°~40°纬向带和西经
　　95°~100°经向带区域内 IPP 观测数据。洋红色实线表示本影中心的纬向位置(a)和
　　经向位置(b),洋红色虚线表示半影区域的纬向位置和经向位置,等遮蔽度线分别为
　　90%、75%、50%、25%和 0%。

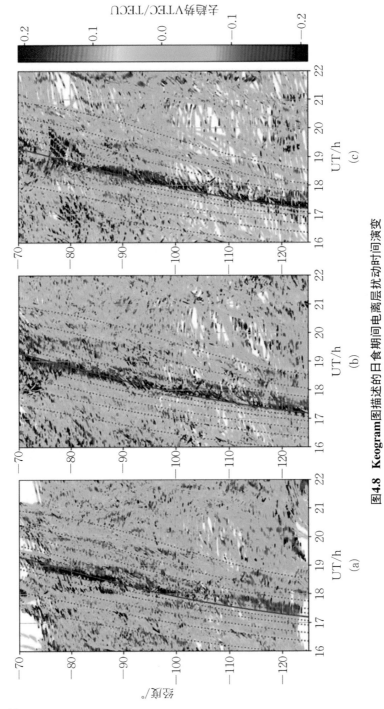

图4.8　Keogram图描述的日食期间电离层扰动时间演变

注：(a)~(c)分别沿经度组织，数据集分别为北纬34.5°~35.5°纬向带，北纬39.5°~40.5°纬向带和北纬44.5°~45.5°纬向带区域内的IPP观测数据。如图4.7所示图例。

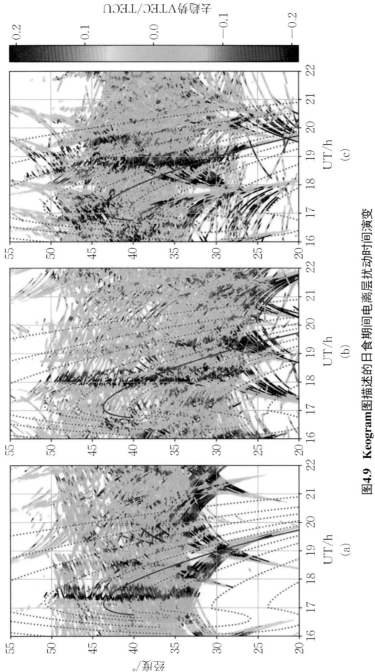

图4.9　Keogram图描述的日食期间电离层扰动时间演变

注：(a)～(c)分别沿纬度组织，数据集分别为西经119.5°～120.5°经向带、西经99.5°～100.5°经向带和西经79.5°～80.5°经向带区域内的IPP观测数据。其他如图4.7所示。

扫过图 4.7(b)中的纬向带时,显示出较大的扰动尺度,且波长约为 1500 km。图 4.8 中也显示了同样的情况,即利用不同中心纬度(北纬 35°、40° 和 45°)的三个相同宽度的纬向带研究了扰动波阵面的纬向结构演变过程。作为补充,如图 4.9 所示,选取了中心经度分别为北纬 120°、100° 和 80° 的经向带,描述了该扰动波阵面的经向结构演变过程。这类大尺度电离层扰动可能是直接来自热层的电离层响应[58,71,85]。需要注意的是,这些图中也清晰地显示了大量的具有波特征的中尺度扰动事件 MSTID,这些扰动在日食过境时频繁出现,例如在本影到达前发生的 TID 扰动,特别是在西经 70°~100° 区域,即美国 CORS 网络东部子网络区间,如图 4.8 所示,以及图 4.6 中的一致性特征。此外,位于本影离开后的半影区域中的 MSTID 也在这些图中清晰显示。通过对这些 MSTID 的传播特征的观察,显示出与先例的高度一致性[69-70,85]。

图 4.6~4.9 显示了月影过境北美上空期间多尺度电离层扰动的复杂多样行为。然而,由于电离层扰动的传播参数细节极难通过常规的直接检查方法来确定,故我们将使用 ADDTID 模型(见下一节中的模型应用描述),用于同时检测和表征多尺度 TID 的属性和传播参数。

4.4　TID 表征方法论概述

在先前的介绍中,我们对日食过境时电离层产生不同类型扰动的可能的物理机制进行了讨论和解释,包括形成的弓形波和其他类型的相关扰动。这些弓形波由不同驱动源引起的一系列同时发生的 TID 构成,其中包括向上的大气重力波等[61]。此外,我们还探测到了日食早期的 TID 事件以及本影离开后持续存在的扰动。

在这项案例研究中,对几个同时存在的 TID 检测是通过以下两个步骤实现的:① 通过 ADDTID 模型对 TID 进行表征,从去趋势的 VTEC 地图中检测 TID 并估计其传播参数(第 4.4.1 小节);② 设计了局部子网络划分,对 TID 本地传播细节进行了详细说明(第 4.4.2 小节)。

4.4.1　ADDTID 模型应用概述

对 TID 的分析是通过 TID 原子分解检测器 ADDTID 模型实现的[4]，详见第 2 章。该模型使用密集 GNSS 接收机网络数据，可以从 IPP 去趋势 VTEC 观测集中检测和描述 TID。该模型创建了一个包含该 GNSS 网络地理区域可能的 TID 波的字典。估算过程通过使用 IPP 去趋势 VTEC 采样集，并解决一个带有正则化项的凸优化问题。解决算法将 TID 确定为字典中最接近 IPP 观测值的元素。以这种方式估计问题主要有两个优点，首先主要是可以不具备待检测 TID 数量的先验知识。其次，也许是估计问题中最具挑战性的一点，该模型可以在非均匀空间采样的情况下工作，即可以存在传感器密度较高的方向和网络中传感器分布稀疏的区域。

4.4.2　基于网络划分的 ADDTID 模型增强方法

ADDTID 模型是假定 TID 以平面波的形式传播的。实际上，如图 4.6 所示，TID 传播模式和日食的等遮蔽线形状高度相关。这些涉及不同太阳高度角的等遮蔽线显示出类似于椭圆的形状。在这种情况下，其形状相当于椭圆的偏心率变化，并取决于日食阴影的倾角，其倾角和遮挡的物理直觉如图 4.5 所示。这些椭圆形状的阴影导致阳光在空间和时间上的遮蔽，快速减少到大气层的太阳辐照度，从而导致了电子密度的振荡，并在不同的尺度上遵循着复杂而繁琐的响应。图 4.6 是其具有丰富细节的多尺度 TID 的一个示例，它显示了不同倾角下的扰动显示出和等遮蔽线高度一致的特征。这些扰动波阵面包括了弓形波阵面、部分圆形波阵面、反向传播纹波和不同尺度的平面波阵面。Zhang 和 Sun 等人观察到了类似现象[69,71]。该先例学习和初步分析结果表明，用于本案例学习的 ADDTID 模型字典的波的自然模型，应该包括这些波传播的所有可能的二次形态。然而，从计算的角度来看，这很难实现，因为字典的大小会以参数数量的多项式增长，从而加剧计算复杂度，见第 2.6 节中关于复杂度的计算说明。

正如在第 3.5.5 节中的案例学习，ADDTID 模型可以将这些圆形波近似估计为局部平面波的组合。这意味着，一个给定的弓形波波前，可以被检测为两个在主要传播方向两侧的对称传播的平面波。在图 4.6(a) 和图 4.12 中，我们展示了利用平面波进行有效近似的一个例子，即在美国 CORS 西部子网络上空的去趋势

VTEC地图显示出近乎平面波的结构,这与速度方位角极坐标图(图4.12(b)和4.12(c))上检测到的波参数相对应。据17:15～17:45 UT的极坐标图显示,检测到的平面TID沿两个主要方向分布,并与主要传播方位角成约90°对称。根据直接观测,可以看到在同一时刻测量的地图上,有两个平面波的波阵面,这与ADDTID模型检测到的方位角相一致。

这表明,利用ADDTID平面波模型高精度表征非平面波,前提是GNSS测量网络中观测的波前曲率足够小。因此,如图4.6所示,我们将覆盖美国的CORS网络划分为几个较小的子网络,每个子网络观测的大尺度TID可以局部近似为平面波传播模式。分割成子网时考虑到了Zhang和Sun等人报道的不同尺度的弓形波[69, 71],其划分方案是两个子网:西部子网络和东部子网络,如图4.1所示。这是因为ADDTID模型假设是平面波模式在网络中传播,若把整个网络划分为多个子网,这个假设就近似成立。与本研究有关模型的一个特点是,ADDTID模型估计对观测站的非均匀采样和地理分布特性是稳健的,关于网络划分的合理性解释如下:

(1) 日食产生的电离层扰动在局部可以近似为平面波,虽然在整个网络的规模上,扰动形状曲率可能是显著的,如图4.6所示。因此,划分网络大小的策略为:在给定子网络内,本影区域中的波阵面可以近似为平面,而远离本影的相应部分可能表现出与本影较大的曲率,但可被包括在其邻近的子网络中,仍表现为平面波的近似。

(2) 从图4.1中可以看出,网络的中心部分有较低的观测站密度,这对估计的准确性可能会有影响。因此,它是一个决定子网络边界的自然区域。

(3) 我们允许子网络之间有大约10%的重叠,以便能够检查它们之间的估计一致性。

(4) 因为遮蔽度的差异,日食驱动产生的电离层扰动在不同的地理区域是不同的。

此外,TID以波的形式在东、西子网络中的传播遵循相似的速度和波长,但方位角有时却不同。如图4.6(a)和图4.6(f)中的TID传播示例,特别是在同时刻图4.10(d)关于GPS卫星PRN 2的IPP观测集和图4.11(d)关于GPS卫星PRN 12的IPP观测集,其中西部和东部的波阵面在方位角和波长上的差异。将地理划分为子网的另一个好处是,这可以解释不同观测条件下的现象分析,如果对整个网络进行整体分析,可能会出现混叠。

在图4.6中,我们展示了用所有GPS卫星和观测站相关的IPP测量。可以看到,TID波型大致按照本影的曲率变化而变化,而且波长也不均匀分布。此外,在

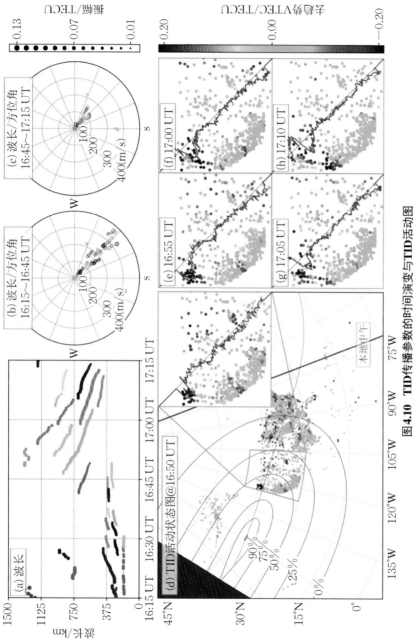

图4.10　TID传播参数的时间演变与TID活动图

注：时间为当地约50%遮蔽度的半影覆盖美国CORS网络的西部地区时，数据为GPS卫星PRN 2观测集。(a)为TID波长的时间演变，(b)、(c)为间隔半小时的速度与方位角极坐标图，TID的连续性和振幅分别用颜色和散点大小来表示。(d)~(h)分别为在16:50 UT、16:55 UT、17:00 UT、17:05 UT和17:10 UT的TID活动图。标有百分比的白色弧线是在250 km高度IPP集上的等半影遮蔽线，白色的对角线为本影中心轨迹，洋红色线是250 km高度上的当地正午位置，红色曲线表示去趋势VTEC数据在西北-东南方向的投影。

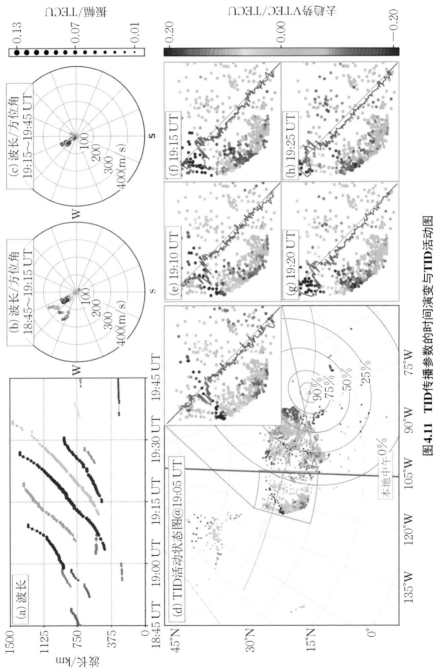

图4.11 TID传播参数的时间演变与TID活动图

注：时间为当约为0%的半影到达美国CORS网络的西部地区时，数据为GPS卫星PRN 12观测集。(a)为TID波长的时间演变，(b)、(c)为间隔半小时的速度方位角极坐标图。(d)~(h)分别为在19:05 UT、19:10 UT、19:15 UT、19:20 UT和19:25 UT的TID活动图。显示方案如图4.10所示。

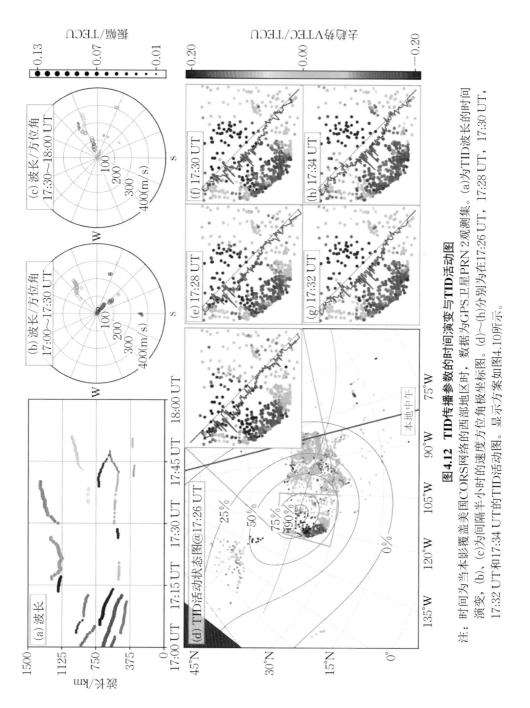

图 4.12　TID 传播参数的时间演变与 TID 活动图

注：时间为当地影本覆盖美国 CORS 网络的西部地区时，数据为 GPS 卫星 PRN 2 观测集。(a) 为 TID 波长的时间演变，(b)、(c) 为间隔半小时的速度方位角极坐标图。(d) ～ (h) 分别为在 17:26 UT、17:28 UT、17:30 UT、17:32 UT 和 17:34 UT 的 TID 活动图。显示方案如图 4.10 所示。

网络的东部区域(西经 $100°\sim 80°$,北纬 $28°\sim 50°$),可以观察到一组 TID 纹波,与覆盖整个网络上的主要纹波相比,其波长要短得多。这种将网络作为与扰动尺度的函数来划分的方案,可以以纹波作为中尺度 TID 来分析,并通过将 CORS 网络划分为地理尺度为 $10°\times 10°$(纬度与经度)的子网络,详见章节 4.5.5。

4.5 结果与讨论

在本节中,我们将分析日食过境期间在 250 km 高度产生的各种类型的电离层扰动。分析将通过 ADDTID 模型和基于去趋势 VTEC 地图验证来完成。我们探测到的 TID 显示出多样的特征,这些特征取决于仰角变化、本影的位置、大小、方位角和速度。我们对生成的 TID 进行了结构化分析,首先是按照日食的时间演变过程,最后是全局性总结。

(1) 对从 CORS 西部子网络观测到的日食早期(即初亏阶段)和日食末期(即复圆阶段)的时变进行 TID 分析,见第 4.5.1 节。

(2) 在第 4.5.2 节中介绍了从 CORS 西部子网络观测到的日食中期(即食既阶段)的同时发生的多尺度 TID。

(3) 在第 4.5.3 节中,我们总结了在整个日食过程中检测到的多尺度 TID。

(4) 在第 4.5.4 节中,我们详细展示了由大尺度 TID 组成的弓形波特征,特别是估计的开角演变过程。

(5) 半影中的中尺度 TID 将在第 4.5.5 节中描述,如部分圆形波、反向传播纹波等。

(6) 在第 4.5.6 节中,一组 MSTID 在半影即将到来前在 CORS 东部子网络中被探测到。

4.5.1 初亏和复圆阶段 TID 波长的时间演化过程

在本节中,我们将描述 TID 在日食早期和日食末期即初亏和复圆阶段的时间演变。通过 ADDTID 模型检测到的 TID 传播参数和为验证目的对地图的直接检查将同时进行。

出现在初亏阶段和复圆阶段的扰动,与本影即将进入 CORS 网络或离开网络时的 TID 分布相吻合。日食引起的电离层扰动主要导致在所有高度的大气冷却效应的后果。然而，目前对电离层半影快速变化引起的冷却反应并不十分清楚。其观测结果是，阴影移动在大气中产生了快速的空间和时间变化的冷却效应，如图 4.5 所示。一个基于形态学的可能性观察是，这种变化的冷却效果是由于日食本影在不同阶段掠射角的变化。主要特征是对于本影和半影的掠射角产生了类似椭圆的阴影，并具有不同的遮蔽度。另一方面，对于垂直的掠射角度，半影的偏心率较小，其几何形状的变化引起了阴影区域途径 GNSS 观测区域的速度变化。也就是说，当掠射角度平稳增加时，半影椭圆阴影的变化速度在掠射角度增大时会很高。

正如 Zhang 和 Sun 等人的观察，日食引起的电离层扰动可以分为两类，具有不同的尺度：分别由大尺度 TID 和中尺度 TID 构成的弓形波，由原位的热层冷却效应和非原位的重力波效应引起[69, 71]。在本小节中，我们将研究以加利福尼亚为中心的 CORS 西部子网络中的两种扰动，如图 4.1 所示。该子网络被定义为一个有限的地理区域，它的覆盖区域较小，站点密度高，可以更清楚地检测和表征 TID，且在此区域出现的 TID 可以被局部近似为平面波。另一个原因是，对于给定的掠射角度，TID 在整个 CORS 网络中的分布差异性巨大，这可能导致不同 TID 特征的混叠。掠射角度的变化，对应出现了一组 TID，其波长的时间演变遵循了抛物线形状，而抛物线形状的波长演变特征在本影和半影的进入和离开阶段是一致的。

1. 初亏阶段

图 4.10 为 GPS 卫星 PRN 2 所有可用观测站的 IPP 观测，显示了日食在半影进入阶段的电离层响应。图 4.10(d)～(h)显示了 16:50～17:10 UT 间 CORS 西部子网络的去趋势 VTEC 地图。此时本影区域位于太平洋上空，从 0% 到 90% 的等遮蔽度线位于地图上所示位置。通过计算在 250 km 高度上阴影的遮蔽度[83]，使用等遮蔽度线表示半影所在位置区域，包含了太平洋和北美大陆区域。右下部分显示了以 5 min 为时间间隔的去趋势 VTEC 地图演变的放大快照。图 4.10(a)显示了 TID 波长的时间演变，图 4.10(b)和(c)显示了间隔时间为半小时的 TID 速度与方位角的极坐标图。波长、方位角、速度和振幅等传播参数都是由 ADDTID 模型估计的。ADDTID 给出的方位角和波长与从图 4.10(d)～(h)中直接检查估计结果高度吻合。此外，我们还在其上叠加了去趋势 VTEC 幅值投影到直线上，其倾斜度等于估计的 TID 方位角。请注意，该投影可直接检查确认扰动的大致波长和传播方位角。

接下来，我们将描述通过 ADDTID 模型估计的 TID 传播参数演变，并与测量的去趋势 VTEC 地图进行对比。从 15:55 UT 开始,0%半影等遮蔽度线与美国西部子网络上空的电离层接触。从此刻起,越来越高的遮蔽度半影覆盖这一地区。在早期的 30 min 内,TID 时间演变显示出中尺度行进式电离层扰动 MSTID 的行为特征,其波长在 250~300 km 之间,传播方向为东南方向。请注意,虽然速度的分布很广,但约 75% 的估计结果都集中在 150~300 m/s 的范围内。在该时间间隔内,振幅从 0.08 TECU 下降到 0.02 TECU。我们使用颜色编码标记探测到的每个连续 TID 的波长,方位角与速度极坐标图中的散点。该 MSTID 在当地上午被检测到,显示了 MSTID 传播的典型夏季白天特征,应由晨线移动驱动产生,见第 3.5 小节类似的研究[3-4]。在 16:45 UT 左右,MSTID 突然消失,而出现了一组大尺度 TID,波长从 1125 km 的数值开始呈现出下降趋势。这一变化与 50%~75% 的遮蔽半影相吻合,从图 4.10(d)中的等遮蔽度线的地理分布可以确认。如图 4.10(c)所示,大尺度 TID 的方位角向东偏移了 10°,速度从 150 m/s 下降到 50 m/s,周期从 3 h 下降到 0.75 h,该结果亦可通过直接检查图 4.10(d)~(h)进行证实。注意,本影在此时间位于太平洋上方并以大约 3000 m/s 的速度向东移动。在 17:15 UT 左右,即半影开始到达西部子网络的 55 min 后,半影达到 50% 的遮蔽率,电离层响应 TID 的波长收敛到 400 km,如图 4.12 所示,在此刻为本影到达 CORS 西部子网络的几分钟后。

如前言中的文献讨论,我们所描述的现象可以从物理学角度进行解释。当遮蔽度为 50% 时,Zhang 等人观察到了半影诱发的 TID,组合为部分弓形波波阵面,应该来自中性大气的重力波驱动[69]。TID 发生时间与半影第一次到达 CORS 网络间的时间间隔与重力波驱动产生 TID 的 0.5~1 h 的延迟是高度一致的[68,70]。本书观察到的另一个现象是弓形波和相关扰动以及电离层扰动出现的不同时间延迟。弓形波结果实际上是冲击波的表现形式,一般认为起源于中间大气层的重力波,由于本影以超音速移动。另一方面,部分覆盖太阳辐射的半影区域产生了与本影不同的冷却机制,这种效应包含了几个频段。Huba 等人的研究表明,月球阻挡了通过太阳盘均匀辐射的紫外线(UV),其方式与可见光光谱中的光线遮蔽相似[72]。Kazadzis 等人观察到遮蔽度超过 70% 时,臭氧层含量出现大幅降低。由于臭氧层含量的这种变化吸收了大部分的紫外线辐射,低遮蔽半影的冷却效果不足以打破中性大气的热平衡[86]。因此,在 50% 遮蔽度的半影覆盖之前数十分钟内观察到的这些 TID,可能由其他不同的来源驱动。图 4.5 描述了本影和半影覆盖区域的全球水平辐照度。在给定时刻,辐照度强度从中心向外衰减,产生不同的冷却效应,类似于具有非常快的昼夜变化特征的晨昏线。此外,X 射线和极紫外线

(EUV) 的辐照度是电离层中光离子化的主要来源,Huba 等人报道了太阳被月亮遮挡时电离层的延迟响应[72]。这是因为,这些波段的光辐照中有 10%～20% 的贡献是在日冕产生的,而日冕不会被月亮覆盖。另一方面,Coster 等人观察到 TEC 下降以较短的时间延迟跟随阴影诱导的辐射分布,并报道了半影诱导的大尺度 TID 活动可能起源于原位热层的冷却效应[58]。这就解释了上面提到的一组 LSTID,当半影覆盖范围达到 50% 遮蔽度时突然出现,并且在本影到达网络后几分钟内也随之收敛的原因。这也与 Müller,Le 和 Sun 等人报道的电离层扰动相一致,其将直接在热层产生[60,71,87]。

据图 4.10 显示,LSTID 的波长变化轨迹遵循一个下降的平行抛物线形状,这个轨迹与等遮蔽度线间距离的减少相适应。随着阴影掠射角度从 6° 增加到 40°,太阳辐照度梯度随之增加,等遮蔽度线变化率随之降低。同时,TID 的传播方向(东南方向)与 CORS 西部子网络上的等遮蔽度线垂直。随着阴影掠射角度和速度的增加,对加利福尼亚地区的冷却效应大大增加。注意这个速度在 TID 事件发生高度上是超音速的。总之,这表明半影区面积负变化率的减速,可能与 TID 波长的减少有关,尽管 TID 的速度比本影移动慢。至于弓形波,半影所引起的 TID 形状与朝南的可变开角的弓形波一致。需要注意的是,由于地磁活动较少,地磁场会引起 TID 传播方向相对于对赤道的轻微偏离[58],见第 4.2 节所述。

2. 复圆阶段

在图 4.11 中,我们展示了日食复圆阶段 TID 的变化特征。本次测量是在美国 CORS 西部子网络中进行的,在此刻本影位于大西洋上空,这导致半影的掠射角与之前不同。图中所示的参数是在 CORS 西部子网络中进行检测的,并使用 GPS 卫星 PRN 12 观测数据集进行估算。波长的时间演变显示,在半影离开阶段与在日食初亏阶段观察到的 TID 特征行为是互补的。两者的差异是由于月球仰角下降的变化率与半影到达阶段不完全相反,如图 4.5 所示。另一方面,检测到的波前方位角与等遮蔽线方向一致。

随着波长增加,TID 越来越弱,最后在 19:35 UT 左右,波长超过 1200 km 时消失。随后,扰动的活动明显减少,之后只检测到强度很低的 TID。这些扰动的方位角与每年这个时候的典型扰动相反。

已经探测到的 TID 与初亏阶段的 TID 有相似之处,即传播方向与等遮蔽线垂直,速度范围相似,而且没有受到地磁场的明显影响。与初亏阶段的 TID 不同的是,其传播方向与阴影的运动方向相反,这表明其产生可能与半影的变化没有关系。此外,这些 TID 发生在阴影遮蔽度最低的时候,即阴影离开加利福尼亚地区时,大约在本影离开后的 105 min,在 50% 等遮蔽度线离开子网之后大约 85 min。这表明该电离层的波动不是由于热层的直接冷却效应,而是源于中性大气的向上传播的重力波扰动。尽管如此,TID 的行为与 Coster 和 Zhang 等人描述的 TID 有所不同[58, 69]。Chimonas 等对上述扰动行为的解释是,长周期大气重力波不能以足够陡峭的角度从产生点上升[61]。从理论上考虑,扰动的周期应为 3~4 h,这与我们所做的估计结果一致。同样地,在 1970 年 3 月 7 日的日食研究中,Davis 等在半影边界(即 0% 等遮蔽线区域)离开观测网络时,同步观测到反向移动的 TID,其形式为振幅逐渐减小、周期逐渐增加的冲击波[65]。然而,估计的 TID 周期约为 25 min,这与 Chimonas 等预测的长周期不一致[61]。

4.5.2　食既阶段多尺度 TID 特征概述

在本小节中,我们展示了食既期间从 CORS 西部子网络测得的多尺度 TID 的存在,即中尺度和大尺度 TID。图 4.12 显示了本影穿过加利福尼亚 CORS 西部子网络时电离层扰动的特征。本影在 17:11 UT 左右到达该地区,并在 17:42 UT 左右离开。正如在上一节中提到的,在初亏阶段,从 17:00 UT 开始的一组并行的 TID 遵循波长变小的特征。在本影到达 4 min 后,除产生的 VTEC 下降外,一个波长约 400 km 的中尺度 TID 汇聚。如图 4.12(a)所示,由于电离层的反应而略有延迟,几乎与此同时,一个波长为 1125 km 的电离层扰动突然出现在大约 45° 的方位角上,与中尺度 TID 方位角相差近 90°。这个扰动对应于图 4.12(a)显示的三段 TID 波长轨迹。请注意,大尺度扰动轨迹直接反映在图 4.12(e)~(h)的红色投影上,其是波长约 1200 km 的正弦波的几乎两个周期。这两个扰动在 17:15~17:45 UT 之间持续存在,大尺度扰动振幅约为 0.11 TECU,中尺度扰动振幅约为 0.05 TECU。这两个扰动的方位角分布都向东移动了几度,这与图 4.10 中所示的等遮蔽度线和扰动是一致的。大尺度扰动可以直接通过图 4.12(d)~(h)中所示进行确认。尽管两组 TID 的观测速度都低于大、中尺度 TID 的典型速度,但仍具有一致性特征,即大尺度 TID 的传播速度比中尺度 TID 快约一倍。

还要注意的是,各观测站所跨越区域比弓形波所覆盖区域要小,因此图 4.12 中只检测到弓形波的一个分支。在该去趋势 VTEC 地图直接描述的和波长时间演化图中可以观察到的另一个效果是,大尺度 TID 振幅比中尺度 TID 要大(振幅由点的大小进行编码)。另一个观察是,TID 方位角与日食轨迹不一致。这可能与大尺度 TID 和中尺度 TID 相关的弓形波阵面运动有关。图中也显示了出现在本影到达前的电离层扰动。这些中尺度 TID 是电离层对阴影遮蔽度增加到 100% 的反应，即在热层原位产生的重力波。虽然大尺度 TID 也是由于本影效应对电离层的影响，但是其延迟出现在本影远离后的时间段[71]，这种 TID 可能是部分源于本影的冷却效应，即热层的电子振荡而形成电离层波。

4.5.3　日食期间的电离层扰动总体特征

在本节中，我们将对日食过境期间与弓形波有关的电离层扰动进行描述和说明。通过直接检查图 4.13(a)绘制的去趋势 VTEC 地图，可以看到在整个日食过程中弓形波的变化过程。在这三张地图中，除了弓形波之外，还可以观察到本影之前以及本影之后的扰动，见 Zhang 等人的类似观测[69]。扰动波形形状类似于图

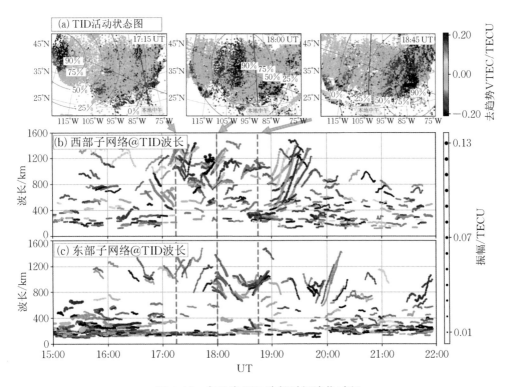

图 4.13　多尺度 TID 波长时间演化过程

注：(a)为 17:15 UT、18:00 UT 和 18:45 UT 的 TID 活动图快照，显示方案如图 4.10 所示。(b)和(c)为 CORS 西部子网络(b)和东部子网络(c)的波长时间演变，颜色散点显示方案如图 4.10 所示。指向灰色虚线的灰色箭头表示各 TID 活动图快照中的对应波长特征。

4.5 中的等遮蔽度线。也就是说,本影到达前的扰动形状与等遮蔽度线形状具有一致性,本影区域离开后的扰动也显示出一定曲率的椭圆形状,与遮蔽度线形状一致。此外,还出现了中尺度纹波波阵面信息,如图 4.13(a)中 18:45 UT 时刻的去趋势 VTEC 地图所示。

在第 4.5.1 和 4.5.2 小节中,我们展示了在 CORS 西部子网络观测的中尺度电离层扰动和大尺度电离层扰动,波长范围从几百千米到一千多千米。这种现象同样可在图 4.13(a)的去趋势 VTEC 地图上进行确认。在图 4.13(c)中,显示了 CORS 东部子网络的 TID 波长估计结果以一定时延的方式跟随西部子网络检测的 TID 波长演变形状。这些扰动的发生与第 4.3.2 小节的直接观测结果相一致。

日食期间,图示的一系列中尺度电离层扰动表现为成片的二维非同心的近似圆形纹波,向赤道方向移动。由于每个子网络区域中观测的 TID 波阵面曲率足够小,ADDTID 模型可正确地检测到此类扰动事件并估计其特征。为了更好地了解大尺度电离层扰动的时空特征及其与日食的关系,本工作对整个 CORS 网络观测的电离层扰动特征进行了估计。即 ADDTID 模型使用的 GNSS 数据来自由 CORS 网络划分的东、西两个子网络。请注意,每个子网络的直径应至少是待探测 TID 最大波长的两倍。图 4.13(b)和(c)显示了分别从 CORS 西部和东部子网络检测表征的 TID 波长的时间演变过程。

本影到达前的扰动事件可以理解为早期弓形波,其起源可能是由于遮蔽度不断增加的半影产生的冷却变化,与本影产生的扰动相比,这引起了强度较低的扰动。由于半影区域以较高的速度移动,日食引起的部分扰动出现在本影到达观测站覆盖区域前。同时,电离层扰动的地理位置分布类似于同心椭圆,这可能和月球阴影在球面上的掠射角度变化有关(图 4.5),详见第 4.5.1 节中的相关讨论。在 17:15 UT 时,在图 4.13(a)中可以清楚地观察到弓形波和弓形波事件前的这些扰动。西部子观测网络的测量结果显示,典型的季节性 MSTID 传播事件与特征,在此刻完全消失,而东部子观测网络中显示了为数不多的此类 MSTID 事件且数量正在减少。在此情况下,LSTID 的传播特征发生了变化,在西部子网中,这些 LSTID 的波长明显变小。半小时后,同样的波长变化现象出现在东部子网络。一个值得观察的点是 MSTID 和 LSTID 之间的连续性,这可以在图 4.13(a)或图 4.10 中放大的去趋势 VTEC 地图上得到确认。另外,从图 4.14(c)和(d)的方位角与速度极坐标图中可以看出,大尺度扰动的传播方向与本影移动方向一致,且在东西两个子网络中都可以观察到从 MSTID 到 LSTID 过渡的这种连续性,反之亦然。

关于 LSTID 的传播,见图 4.13(a)在 17:15 UT 时的传播样式,扰动波阵面等幅值线与等遮蔽度线形状高度一致,并沿着日食运动的大致方向传播。由于阴影到达时间不同,因此东部子网络中相似 TID 特征的出现具有一定的时间延迟,且传播特征因本影运动方向变化而变得不同,传播方位角角度略有变化。注意,在 18:00 UT 时间左右,类似行为的 LSTID 再次出现,但显示的开角更大,这与形成弓形波的两个分支 TID 运动速度和方向有关。该 LSTID 方向亦跟随本影而运动,更多细节见第 4.5.4 小节。

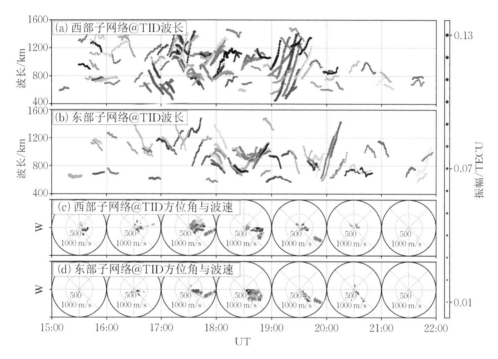

图 4.14　日食过程中 LSTID 传播参数的时间特征

注:(a)和(b)分别为 CORS 西部子网络和东部自网络的 LSTID 波长演变。图(c)和(d)为间隔一小时的方位角与波速极坐标图,红星为本影移动的方位角与波速。颜色散点显示方案如图 4.10 所示。

在 18:45 UT 左右,从图 4.13(a)中我们观察到了本影在西部子网络中出现的扰动。在这种情况下,我们观察到本影西侧的 LSTID,其形状与等遮蔽度线一致,波长从 700 km 缓慢增加到 1300 km。在同一时间,波长较小的 MSTID,与具有相反曲率的波阵面一起传播。这些 MSTID 的波长约为 200 km,在地图上显示为纹波,当本影位于西部子网络时可被清楚地观察。这种过渡在图 4.11(a)放大的去趋势 VTEC 图中可以清楚地显示,图 4.11(b)和(c)的方位角与速度极坐标图表明,扰动的传播方向与本影移动方向相反。关于纹波相关的 MSTID,见第 4.5.5 小节中的详细解释。

4.5.4　LSTID 弓形波时间演化过程

本节我们扩展了在上一节中对日食过境期间大尺度电离层扰动 LSTID 的行为特征描述。大尺度电离层扰动在日食期间的传播参数特征在图 4.14 中进行了描述和总结:① 时序图描述的波长演化,如图 4.14(a)和(b)所示;② 分时段以极坐标方式描述的速度与方位角演化,如图 4.14(c)和(d)所示。图 4.14(a)和(b)所示的 LSTID 具有典型的波长和速度[88]。但传播方向不同,并呈现出跟随本影移动的传播方位角,见图 4.14(c)和(d)中用红星表示的本影移动速度和方向。

在日食阴影到达 CORS 网络前,LSTID 表现出安静的特征行为,其特点是振幅低,主要朝赤道以东方向传播。扰动的持续时间小于 15 min,速度较低,约 100～200 m/s,周期较长,约为 1.5～2 h。从那时起,越来越高的遮蔽度半影开始覆盖这一地区。同时,检测到增加的 LSTID 事件数量。在 16:10～17:15 UT 的时间间隔内,当 10% 的等遮蔽度线到达 CORS 西部子网络时,LSTID 的传播属性发生了变化,即 LSTID 向东传播,速度明显增加,并超过了 500 m/s,波长从大约 1500 km 减少到了 800 km,之后陡然增加到 1200 km 以上。从 LSTID 的演变情况来看,CORS 西部和东部子网络观测的特征变化延迟约半小时,这与本影中心从西部子网络到东部的移动时间造成的延迟相一致。这个特征变化延迟时间是根据图中观察到的波长轨迹的形状变化计算出来的,特别是根据在每个子网络中重复出现的波长时间变化连线的抛物线最小值位置。

注意,在 17:15 UT 左右,即在本影到达 CORS 西部子网络的几分钟后,突然出现大量的 LSTID 事件。这些 LSTID 显示为向东传播,方位角散布为 60°,速度范围为 300～700 m/s。而大约在 18:05 UT 后,本影离开 CORS 西部子网络,LSTID 显示出与初亏阶段相反的特征行为,即波长持续变长,幅值变小直至消失。在 17:15～18:05 UT 时段,LSTID 波长时间变化显示为抛物线形状。这个时序轨迹的边缘是由约 50%～70% 等遮蔽度线的到达和离开西部子网络的时间决定的,见第 4.5.1 小节中的详细讨论。在速度与方位角极坐标图中,与弓形波有关的散点呈扇形分布。根据大致测量,弓形波的开角约为 120°,传播方位角大致为东偏北方向 10°。这个扇形表明了弓形波各分支的速度和。弓形波沿着本影路径传播,此刻本影移动的方位角大约为东偏南 10°,速度在 1500～670 m/s 的范围内,如图 4.14(c)所示。

本影在离开西部子网络后,LSTID 的活动逐渐减弱,直到消失。东部子网络中也有类似的行为,但彼此间存在时间延迟。除此之外,与西部子网络相比,东部子网络的 LSTID 在分布和传播特性还存在一定的差异。当本影覆盖东部子网络一部分时,大约在 18:05～18:50 UT 之间,弓形波的开角增加到 135°左右,而本影的速度下降到 650 m/s。此时,东部子网的弓形波呈现出南 30°的全局偏差,这与本影的移动方位角变化是一致的。总体来看,弓形波的传播方向,连同分支的运动,都跟随本影的运动,仅在方位角上有偏差。整个偏差在 17:00～18:00 UT 时约为东偏北 10°,在 19:00～20:00 UT 时约为东偏南 5°。实际上,低地磁场活动对离子的运动影响不大,这可能是由于阴影等遮蔽度形成的椭圆偏心率和椭圆轴随阴影移动产生了变化和旋转,导致了观测网络区域不同程度的、随时间快速变化的冷却效应,如在去趋势 VTEC 图中显示的偏差和等遮蔽度线。

在图 4.15 中,我们描述了弓形波开角与本影移动的关系。需要指出的是,该图中绿色线条指代的是基于兰伯特正圆锥 LCC 投影的去趋势 VTEC 地图上通过直接测量波阵面估计的弓形波开角,灰色散点是应用 ADDTID 模型估计的开角,进行非线性拟合以平滑估计误差,见蓝色线条所示。此结果与直接近似测量相匹配,再次证实了 ADDTID 模型的波阵面运动的检测能力。从方法论上来看,这种结果确认的逻辑是正确的,其独立检测表征的方式可避免以直接观察结果为先验信息而产生的估计偏差。本影的移动速度是根据 Montenbruck 等人的计算模型估计的,其时间演变遵循一个凹陷的上抛物线形状[83]。在阴影经过 CORS 观测网络的过程中,对应于本影的最高速度部分位于 CORS 网络之外。请注意,随着速度的减慢,估计的弓形波开角随之增加。18:29 UT 左右,本影移动速度达到最小,如图 4.15 中的红色虚线标记所示,这与 0%等遮蔽线完全位于美国境内的时刻相吻合。在大约 3～5 min 延迟后,观察到弓形波开角又开始减少,这和本影中心移动速度再次增加有关。从 19:00 UT 开始,本影离开 CORS 网络,出现在大西洋上,而此时估计的开角显示出较高的噪音。这是因为 LSTID 弓形波的分支不再被 CORS 网络完全观测到,如图 4.11 所示。因此,通过直接测量,只在18:30 UT 之前是可靠的。结果显示,LSTID 弓形波开角变化与本影移动速度高度相关但具有 4 min 左右的时间延迟,且传播速度大于中性大气层音速。这两个特征都与 Coster 和 Zhang 等人的发现一致[58, 69]。因此,我们的结论是,这种 LSTID 弓形波传播特征行为并不源于日食期间在中性大气层中引起的重力波[61]，而是对应于热层中产生的冲击波，其速度与热层中的声速相符[71]。

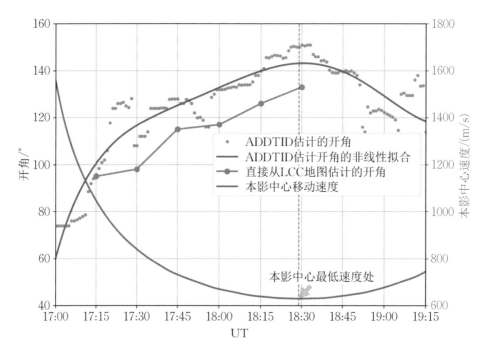

图 4.15　LSTID 弓波开角与本影速度的时间演变过程

注:灰色的点代表由 ADDTID 模型估计的开角。蓝线是估计开角的非线性拟合。绿
　　线表示从兰伯特正圆锥投影(LCC)的去趋势 VTEC 地图中直接估计的弓形波开
　　角,红线表示本影速度。红色虚线指本影速度达到最小时的时间。

4.5.5　MSTID 弓形波时间演化过程

　　如前所述,在 17:15 UT 左右,几个大尺度的电离层扰动覆盖了整个 CORS 网络,而且在整个日食阴影过境期间都一直存在,除此之外,还包括了与不同的局部 MSTID 事件的混叠,这可以从图 4.13(a)中的去趋势 VTEC 地图显示的 TID 波动情况中看出。从图 4.13(b)和(c)中可以看出,TID 波长特征非常丰富,其分布包括了几百到几千千米的尺度范围。从 17:15~18:00 UT 间的去趋势 VTEC 测量地图来看,本影区域附近的波前显示出 V 字楔形的弓形波,且开角随时间增加而变化。同时,在本影到达前的区域也可以看到大规模的电离层扰动。基于形态学,

CORS 网络观测的这类扰动随时间的分布可看作是不同半径的非同心圆形波的叠加而形成的弓形冲击波。此外,在地图 4.13(a)中,可以清楚地看到18:45 UT 时刻本影西北侧的纹波。这些纹波可由 ADDTID 模型自动检测,估计的波长和方位角(图 4.13(b)和(c))估计与地图上的直接估算结果一致。

　　MSTID 的传播参数显示出时空变化的特征,见第 4.5.3 小节中所述。为了更完整地描述 MSTID 弓形波和"弓"西侧纹波的细节特征,我们将通过在去趋势 VTEC 地图上叠加 MSTID 的本地方位角与速度极坐标图来引入 MSTID 传播参数的地理信息,如图 4.16 所示。为利用 ADDTID 模型分析 MSTID 的局部特征,每个网格的大小设置为 $10° \times 10°$ 经纬度,网格直径是 MSTID 典型波长的 2 倍以上,可保证 ADDTID 模型估计 MSTID 平面波的有效性,其中的细节见第 3.5.5 小节中通过平面波模型对圆形波探测的案例学习[4]。图 4.17～图 4.21 分别显示了 17:00～22:00 期间 MSTID 的本地传播方向、波速和数量等特征。这些 MSTID 以

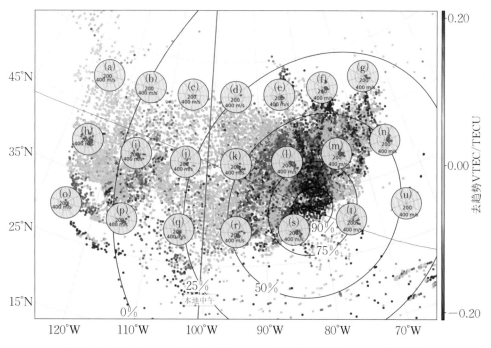

图 4.16　叠加在 18:45 UT 去趋势 VTEC 地图快照上的 MSTID 传播参数

注:(a)～(u)为在经纬度为 $10° \times 10°$ 的 CORS 子网络内估计的 TID 的方位角与速度极坐标图。白色弧线为等遮蔽度 0%～100% 的等半影和全影线。品红线表示的是高度 250 km 处的当地正午位置。

波的形式出现在本影后的半影区域,这可能是由中间大气层的声学重力波引起的,见上一节的相关讨论。

图 4.16 同时显示了在 18:45 UT 时的去趋势 VTEC 地图快照以及同时间的本地 MSTID 特征。在地图快照的东南方,可以清楚地看到来自热大气层的大尺度弓形波的波阵面信息。另一方面,MSTID 构成的纹波出现在本影后方,即本影区域以西且遮蔽度超过 50% 的半影覆盖区域。从本影中心移动速度来看,MSTID 微波当前位置与本影中心存在几十分钟的时间延迟,这与 Chimonas 等人的研究结果是一致的[61]。纹波波阵面所在的极坐标图 4.16(e)、(k)、(l)、(r)和(s),清楚地显示了各格网中纹波的与本影一致的传播方位角,主要传播速度约 200~350 m/s,这可能是源于中性大气的重力波弓形波中的短周期成分,见 4.5.1 一节中关于日食复圆阶段长周期成分的类似介绍。此外,本影东侧的极坐标图 4.16(f)、(g)、(m)和(n),显示了本影到达前的 MSTID,其传播方位角与等遮蔽度线存在一致性,这可能是热层中产生的时变电离层波动,见第 4.5.1 节中对日食初亏阶段的电离层扰动介绍。

为了分析日食过境引起的 MSTID 传播特征变化全过程,我们通过 ADDTID 模型学习了 MSTID 在 17:00~22:00 UT 时段内的本地方位角与速度特征变化信息,并在图 4.17~4.21 中按小时分时段分别显示。这些图由 21 个本地方位角与速度极坐标图组成,参考了图 4.16 的排列方式,即按地理位置,依次显示了在每个

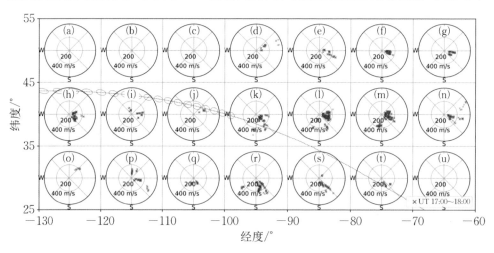

图 4.17 叠加在美国 CORS 网络上的 17:00~18:00 UT 的 MSTID 极坐标格网图
注:(a)~(u)为在经纬度为 10°×10° 的 CORS 子网络内估计的 TID 的方位角
与速度极坐标图。本影轨迹由一系列的椭圆来标记,时间间隔为 3 min。

10°×10°格网内的 MSTID 本地特征。图 4.17~4.21 中描述了日食期间检测到的所有 MSTID 活动,同时也包括了本影到达 CORS 网络上空前和本影离开后两小时内的 MSTID 活动。为表示本影移动与 MSTID 特征变化的关系,在图中叠加了日食本影区域的移动轨迹。该轨迹为本影区域的形状快照标记,时间间隔约为 3 min,并对同一时段的形状进行相同颜色标记。本影形状快照从图中左上方的高椭圆度变为右下方的几乎圆形,反映了日食本影掠射角的变化,这与本影在 CORS 网络中的位置同步。为了清楚表征本影在特定时间是如何影响整个地区的 MSTID 特征,极坐标图中散点所使用的颜色与本影形状快照一致。每个方位角与速度极坐标图显示了本影经过高度 250 km 的电离层时,美国 CORS 网络中各个格网的本地 MSTID 活动。

接下来,我们将通过图 4.17~4.21 所示结果分析基于路径划分的各区间 MSTID 传播参数时间演化特征。

在日食早期阶段,即在 17:00~18:00 UT,图 4.17 中的红色散点显示了检测到的 MSTID 在整个 CORS 网络中的不同局部行为特征模式。在该时间段,从图 4.14 中已经观察到一组 LSTID 组成的弓形波沿着本影超音速移动的方向传播。然而,图 4.17 中所示的 MSTID 检测结果是沿本影轨迹方向,并没有探测到 MSTID 弓形波的相关特征,在轨迹路径的赤道方向存在一些不具有典型特征的 MSTID 活动,而轨迹路径以北没有可探测的任何活动。然而在本影移动前方,即本影赤道以东区域,极坐标图 4.17(d)和(k)中显示了构成弓形波两个 MSTID 分支的局部信息,北侧方位角为 50°~70°,南侧为 100°~160°,构成的开角角度约为 90°~100°,这与对向东南方向移动的本影的提前响应相吻合,即该组 MSTID 弓形波是对大于某遮蔽度的半影区域的电离层响应。所有这些 MSTID 的速度为 150~250 m/s,波长为 180~250 km,周期为 20~50 min。该弓形波出现在本影前,出现时间与约 50% 遮蔽度半影移动仅存在短暂时延,可能受热大气层的冷却效应驱动,这在第 4.5.1 小节中已经解释过。

在本影穿过 CORS 网络的中间阶段,即食既阶段,约 18:00~19:00 UT,蓝色三角形编码的 MSTID 出现在大多数网格子图中,如图 4.18 所示。东部子网络的 MSTID 显示出与早期阶段的 MSTID 弓形波一致的行为。然而,本影以西和东南方向周围的部分(方位角为 45°~225°),有圆形波部分波面作为纹波显示在半影区,如图 4.16 所示。从图 4.18 中可以看出,这些东南方向的 MSTID 大约指向本影移动方向,有以下特征:速度为 100~300 m/s,波长约 200~400 km,周期约 30~70 min,相对于本影位置存在几十分钟的延迟。这些 MSTID 显示出与 Nayak 等人的观测结果相兼容的传播参数[70]。这些 MSTID 的起源可能是在中间大气层形成的弓形波的短周期成分[61]。

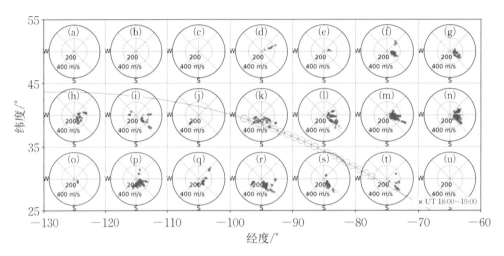

图 4.18 叠加在美国 CORS 网络上的 18:00～19:00 UT 的 MSTID 极坐标格网图

注:显示方案如图 4.17 所示。

图 4.19 是美国 CORS 网络上空观测到的日食事件最后阶段,即 19:00～20:00 UT,本影从 CORS 网络观测范围离开,延迟出现的 MSTID 在网格区域中的传播参数呈现出分散的方位角分布,如图 4.19(h)、(i)、(o) 和(p)所示。除了大多数呈东南方向传播,其他 MSTID 具有类似的速度分布,但向西北方向传播。请注意,西北方向的 MSTID 显示波长为 350～550 km,周期为 60～100 min,显示出比东南方向的 MSTID 波更大的尺度。这些 MSTID 行为特征出现在美国 CORS 网络上空的电离层中,在本影离开 CORS 网络后的两个小时内继续存在,见 20:00～22:00 UT、14:00～16:00 LT 的 MSTID 活动,如图 4.20 和图 4.21 所示。此时 MSTID,特别是美国中部子网络的 MSTID,显示几乎所有方向的方位角,潜在指示了圆形波存在的可能性,而北部子网的 MSTID 显示出向北的传播。这些出现在 19:00～20:00 UT 区间内的 MSTID,其波长和周期分布显示出一致的特征,即全西北向(西向/西北向/北向)的 MSTID 比全东南向(南向/东南向/东向)的 MSTID 的波长更大、周期更长。所有西北向的 MSTID 可能是弓形波的长周期分量,而所有东南向的 MSTID 可能是弓形波的短周期分量,它来自于中性大气层[89]。此外,对于弓形波的长周期分量,即西北方向的 MSTID 在本影离开后 1.5～3 h 内出现,而短周期分量的出现则大约延迟了 30～60 min。

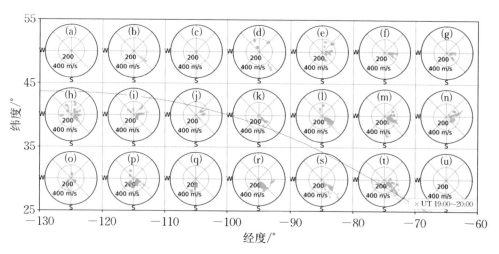

图 4.19　叠加在美国 CORS 网络上的 19:00～20:00 UT 的 MSTID 极坐标格网图

注:显示方案如图 4.17 所示。

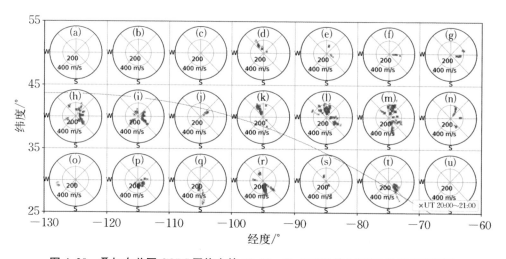

图 4.20　叠加在美国 CORS 网络上的 20:00～21:00 UT 的 MSTID 极坐标格网图

注:显示方案如图 4.17 所示。

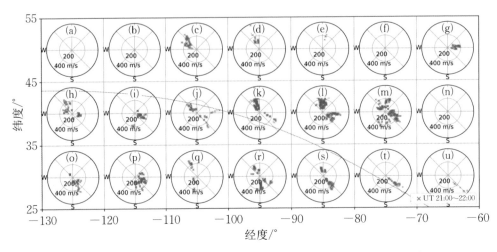

图 4.21　叠加在美国 CORS 网络上的 21:00～22:00 UT 的 MSTID 极坐标格网图

注:显示方案如图 4.17 所示。

4.5.6　初亏阶段前 MSTID 传播参数描述

在图 4.22 中,我们显示了阴影到达前 MSTID 的存在,且传播方向与阴影移动方向一致,显示的传播特征与典型夏季行为不同。这个季节的典型 MSTID 事件传播多发生在夜间,遵循朝西/极地以西/赤道以西的方向,而白天几乎没有 MSTID 的存在[3]。如图 4.22 中的极坐标图所示,有两组 MSTID 向东传播,强度相对较低,在 0.04～0.06 TECU 之间。注意这两个 MSTID 在 15:40 UT (～10:10 LT)和 17:30 UT(～12:00 LT)间显示的波长和方位角方面都表现出稳定的行为特征。注意,此刻太阳晨昏线的影响非常弱,图 4.22 中 MSTID 发生区域于当地正午时刻,见品红线表示的当地正午位置。这些 MSTID 表明有两个明显的传播方向,一个是朝向赤道以东的方向,另一个是朝向极地以东的方向。值得注意的是,极地以东方向在整个区间内都存在。在当前时段,水平方向的磁场影响很小,因为方位角几乎与地磁线垂直。关于夏季白天 MSTID 事件很少发生而且很难探测到的原因,Kotake 等人给出了一个解释,指出向上的声学重力波是白天 MSTID 的潜在来源。这是因为在夏季扰动不能通过中间层顶向附近陡峭的温度梯度区域传播,因为在当地正午,重力波导致 MSTID 的可能性会进一步降低[90]。对图 4.22(c)所示的极坐标图的一种可能解释是,每个传播方向实际上都对应于孤

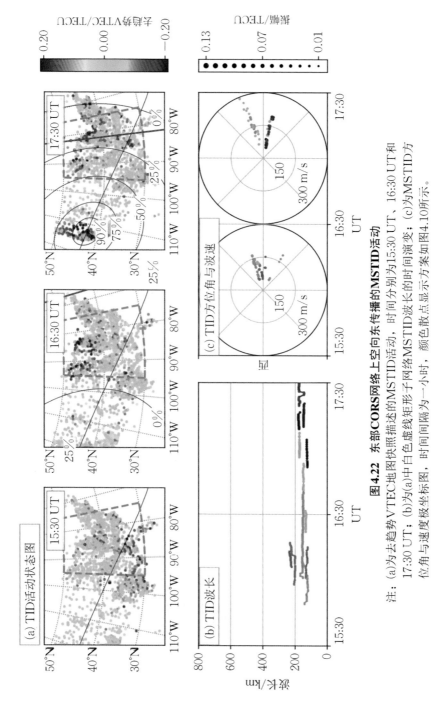

图 4.22　东部 CORS 网络上空向东传播的 MSTID 活动

注：(a) 为去趋势 VTEC 地图快照描述的 MSTID 活动，时间分别为 15:30 UT、16:30 UT 和 17:30 UT；(b) 为 (a) 中白色虚线矩形子网络 MSTID 波长的时间演变；(c) 为 MSTID 方位角与速度极坐标图，时间间隔为一小时，颜色散点显示示意方案如图 4.10 所示。

子波的每个分支的平面波近似值,孤子波在冲击波前前进,而这些冲击波来自热大气层。

小　结

在这项工作中,我们描述了 2017 年 8 月 21 日北美日全食期间产生的不同类型的电离层扰动,介绍了通过 ADDTID 模型所做的检测,并对模型计算的每一个结果都利用去趋势 VTEC 地图进行了对比和确认。

第5章 2011年日本大地震电离层地震海啸特征与海啸预警可能性研究

5.1 简 介

在本节中,我们将利用开发的 ADDTID 模型分析地震海啸和 TID 活动之间的关系。对 TID 的检测表征,我们将对 ADDTID 估计结果与去趋势 VTEC 的时间序列、二维地图以及 Keogram 的直接检查进行比较,以确定 ADDTID 模型的优势和可能具有的较低性能。对于可能存在的不能检测到特定类型的波的情况,可以通过增强 ADDTID 模型表征能力以方便地进行纠正。注意,该模型可以不需要人工干预,通过从 GNSS 信号中自动检测电离层扰动,实现海啸与大气相互作用的过程反演[91]。因此,GNSS 观测直接检查结果和 ADDTID 测量值之间的比较,可证实 ADDTID 模型的性能。ADDTID 模型的主要优点是可以获得传播方位角、波长、速度和周期等参数的局部估计,而这些参数很难从去趋势 VTEC 时间序列、二维地图或 Keogram 图中估计。

ADDTID 实现了对 TID 局部传播参数信息的估计,获得了 TID 参数的时间演化序列。不仅如此,其还可以描述在较大的尺度中 TID 传播参数如方位角、波长、振幅和速度等的全局特性。如近海岸的海洋地震引起的扰动可能引起不对称 TID 活动。海岸的不规则形状和海洋的不同深度影响了海啸波的传播速度和方向。较之于可能从震中进行对称性传播的地震波,海啸波在海水中传播的速度则取决于海洋深度。这些引起的电离层扰动可能会与地震引起的瑞利波扰动相混叠。

这项工作的另一个贡献是,ADDTID 模型可以估计特定 GNSS 观测区域中同时发生的 TID 传播参数,如第3章和第4章的介绍[4,85]。这使得混叠的重力波和声波特性能进行更加清晰的区分。这些不同性质的波的特征首先是利用两个不同的去趋势滤波技术进行预处理的,即时间间隔分别为 60 s 和 300 s 的双差分方法。综上所述,我们对 ADDTID 模型检测到的扰动进行了自动分析。我们根据可能的扰动起源将检测到的 TID 分为三种类型,并显示了传播参数的时间演变和地理属性。

实际上,大量的研究先例对地震海啸驱动的 TID 特征进行了长期研究。海啸和电离层扰动之间的关系最早是由 Hines 等人报道的,即海啸会引发大气层在海面上产生位移,从而引起传播到热层的大气波动,最后在电离层产生放大的扰动,因此电离层特征可以作为海啸发生的早期预警来使用[92]。Peltier 和 Hines 提出的模型显示,重力波的电离层特征可以通过 TID 检测表征的形式进行提取[93]。到如今,与海啸相关的 TID 传播特征已经被观察和研究了很多年,这一点已经被大量的观测案例所证实。

作为这种效应的一个案例,日本 GEONET 网络清楚地探测和记录了由海啸产生的重力波造成的小规模电离层扰动[94-95]。这次海啸是由 2001 年 6 月 23 日在秘鲁发生的 8.2 级大地震引发的,并于 22 h 后到达日本。在日本上空观察到的电离层扰动显示了震后 TID 与海啸传播兼容的时间延迟和传播参数。

另一个例子是 2004 年 12 月 26 日的苏门答腊 9.3 级大地震。Liu 等人报道了由 TEC 扰动表征的电离层海啸特征的重要观测结果,并给出了可能原因的理论支撑[96]。这项研究的标志性意义在于其结果是由印度洋地区的少量的 GPS 地基观测数据获得的。除此之外,Lee 等人通过 430 MHz 非相干散射雷达和 GNSS 的联合观测,测量了电离层等离子体动力学,特别是与海啸有关的 TID[97]。海啸通过海洋-大气交界面耦合激发了重力波,在中间层顶下方传播了很远的距离,并在海啸驱动的重力波尾迹处,诱发了全球范围内的 TID。此结果得到了 Occhipinti 等人的研究结论支持,通过海洋-大气-电离层的三维耦合模型模拟了电离层扰动,显示了 GPS 观测结果与 Jason-1 和 Topex-Poseidon 测高卫星的 TEC 测量在总体上的一致性[98]。在 Occhipinti 等人后续的研究中,提出的三维模型合理地解释了观察到的电子密度扰动对地理纬度变化依赖是由地磁场驱动的[99]。高密度覆盖的 GNSS 接收器网络可用于帮助数据分析,特别是比较电离层扰动与海啸传播的一致性。Mai 等人提出了一个描述海啸事件和电离层扰动间的关系模型,以分析海啸驱动的重力波引发的电子密度扰动,并在涉及大气重力波的弥散关系时考虑了热传导、黏性和离子阻力等损失机制[100]。该模型用于分析该苏门答腊地震海啸期间的电子密度扰动,发现大气重力波以与海啸相同的速度水平移动,发生在大约 400 km 高度上。Hickey 等人高度关注了海啸驱动的重力波向热层传播的过程,提出了大气-电离层-耦合模型,将中性大气响应、电子密度响应和 TEC 响应与在大气中传播的重力波联系起来[101]。对于纬度方向上的传播,离子和电子对重力波的响应较小,而对于经度方向上的传播,电子密度和 TEC 的波动比重力波几乎大两个数量级。利用夏威夷地区密集分布的数十个 GNSS 观测站网络的测量数据,Rolland 等人报道了在地震引发跨太平洋海啸事件后持续数小时的电离层扰动事件[102]。

8.3 级伊拉佩尔地震于 2015 年 9 月 16 日在智利伊拉佩尔近海 46 km 处发生,产生了 4.7 m 高的局部海啸。通过来自智利国家地震学中心 CSN 和国际 GNSS 服务组织 IGS 由数十个接收机组成的 GNSS 观测网络,Reddy 等人报道了地震海啸的冲击声波引起的电离层扰动的特征,证明了 GPS 观测网络在对海啸驱动的电离层扰动成像方面的优势[103]。然而,由于观测数据规模限制,从这些数据中很难分辨出由地震瑞利波或海啸引起的电离层 TEC 扰动传播特征。Grawe 等人报道了该海啸发生期间在夏威夷上空出现的电离层扰动。该结果同时借助了 GPS TEC 观测和 630.0 nm 气辉观测,并使用了 Gabor 滤波器组的方法,报道了重力波 TID 的传播参数,提出了建立基于 TID 的海啸实时监测系统的可行性[104]。

发生在太平洋上的 2011 年日本东北大地震海啸,引起的最大海啸高度为 40.5 m。它是由日本东北海岸的海底大地震引发的,震级为 9.1 级,发生在 2011 年 3 月 11 日的 05:46 UT。这次海啸产生的电离层扰动被日本 GEONET 网络的 1200 多个 GNSS 接收器所记录。借助这个高分辨率的网络,Rolland 和 Liu 等人观测到了圆形波阵面形式的多个 TID,区分了大气重力波的不同模式,如地震瑞利波的特征和海啸驱动的声学重力波,并证明 GPS 网络可以成为提供海啸预警信号的有力工具[105-106]。Saito 等人指出,在震中附近,二维结构的电离层短周期扰动是由地表和热层底部的声学共振产生的,解释了电离层扰动可能的起源[107]。类似地,Tsugawa 等人显示了震后电离层扰动的细节,即这些遵循同心波动模式的扰动表明了共同的点源,但显示出与震中地理的不一致性[53]。实际上,该同心波动 TID 是由三种模式的大气波引起的,即地震瑞利波、来自电离层震中的声波和大气重力波。虽然没有明确的耦合模型来解释电离层扰动与地震海啸之间的关系,但经验性的迹象表明这两种现象之间存在高度耦合关系。关于日本大地震引发的海啸,从日本 GEONET 网络中获得的观测数据可对电离层扰动探测和大气-电离层耦合模型估计的地震强度进行比较,并可以根据 Hickey 等人的模型进行解释[101]。另外,利用 Song 等人提出的海面高度模型,可用于计算海啸的大气重力波速度。Galvan 等人的研究结果显示,观察的 VTEC 变化与基于大气层-电离层耦合模型的 VTEC 预测之间具有非常高的相似性,且基于海面高度模型的电离层观测与海啸速度高度相关。此外,地震期间由瑞利波和声波引发的电离层扰动与同震电离层扰动间具有特定时间的滞后[108]。这表明了地震海啸产生了一系列重大的具有特定传播特征的电离层扰动。尽管如此,目前仍不确定与电离层扰动有关的大气重力波是否同时由地震和海啸产生。

测量电离层扰动还有其他的手段,如 Maruyama 等人报道了通过电离层测高仪 Ionosonde 观测了地震海啸期间类似的电离层扰动[109];Matsumura 等人模拟了海啸期间在电离层高度观察到的大气扰动,报道了电离层扰动主要源于中性大气运动[110];Makela 等人观测了在夏威夷上空气辉中的海啸特征,与地面 GPS 接收机和 Jason-1 测高卫星的 GPS 测量具有高的一致性[111];Occhipinti 等人使用海洋-大气耦合重现了气辉中的海啸特征,清楚地显示了内重力波的形状模拟[112]。

最后,利用开发的 ADDTID 模型,确定和表征海啸驱动的 TID,见第 2 章的模型介绍。与其他直接观测方法相比,本书的多 TID 特征分析工具能够自动检测 2011 年日本小规模地震期间 TID 的部分圆形波阵面,检测的圆形波圆心与震中一致。地震震级小于 5 级,其存在是通过观察 ADDTID 检测到的 TID 传播参数来确定的,这些 TID 遵循圆形波传播特征。由于 TID 振幅较低,通过去趋势 VTEC 直接观测方法很容易被忽略。之前的工作表明,如果能通过全球导航卫星系统 GNSS 网络的观测数据实时快速描述 TID 特征,进而反演海啸,则有可能把此方法作为海啸的早期预警方法。本章的目的是通过 ADDTID 来研究和描述 2011 年日本东北大地震海啸期间 TID 行为特征的演变过程。

5.2 观测数据与背景空间天气描述

在这项研究中,我们使用 GPS 观测数据来检测电离层扰动。这些数据来自日本 GEONET 网络,该网络由密集分布在日本的约 1200 个 GPS 站组成,如图 5.1 所示。我们对 GEONET 网络按照 $10° \times 10°$ 的地理网格进行了划分。网格划分将用于 TID 的局部特性估计。此外,我们利用海啸测量记录来建立海啸传播模式与电离层响应之间的关系。采用的主要数据为:近海沿岸海啸波记录,由部署在海岸线上的 GPS 浮标、沿海测浪仪和潮汐测量仪提供[113];深海海啸波记录,来自深海海啸评估和报告(DART)浮标[114]。在子网络(g)、(h)、(f)和(i)中的这些传感器,将有助于更好地对比海啸波测量和电离层扰动测量,用如图 5.1 中的相关颜色代码标记。

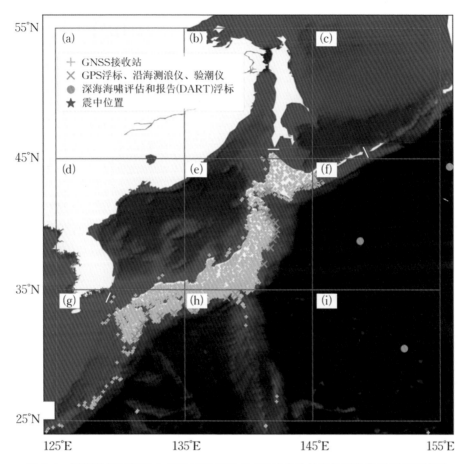

图 5.1　横版世界局部日本 GEONET 网络 GNSS 接收站地理位置与海洋深度示意图

注:浅黄色十字表示 GNSS 接收机的位置,橙色×标记表示选定的 GPS 浮标、沿海测浪仪和验潮仪的位置,绿色圆圈表示深海海啸评估和报告(DART)浮标位置,红色五星表示地震震中,(a)～(i)表示由 10°×10°的地理网格组成的 9 个子网络。海洋深度由冷色图显示,源于含有地形和水深信息的美国 NASA 的蓝色弹珠地球观测。

此外,根据美国国家海洋和大气管理局国家环境信息中(NOAA/NCEI)关于太阳和地磁活动的观测结果(图 5.2～图 5.4),2011 年第 70 天(3 月 11 日)的空间天气是温和的,没有由这些现象引起的重大扰动,如强太阳活动、太阳耀斑或地磁风暴等事件[48-49]。

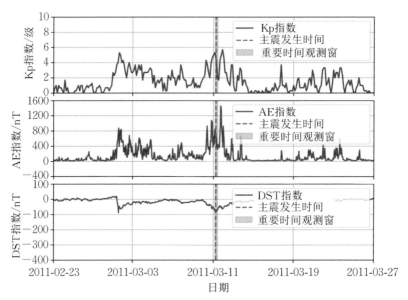

图 5.2 地磁活动指数

注:蓝线为行星 3 小时范围指数(Kp),红线为地磁极光电射流指数(AE),
品红线为磁暴环电流指数(DST)。

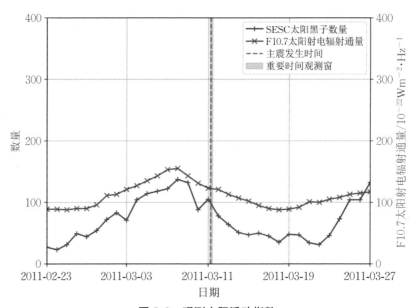

图 5.3 观测太阳活动指数

注:蓝线为 SESC 太阳黑子数量,红线为 F10.7 太阳射电辐射通量指数。

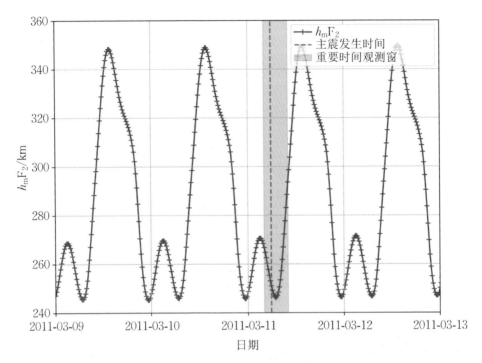

图 5.4　气候性 F2 区域电子密度峰值高度 h_mF_2

注:位于北纬 10°～70°和西经 45°～135°区域,基于国际参考电离层(IRI)2016 模型。

5.3　地震海啸传播特征概述

在 05:46 UT,位于日本东北地区太平洋沿岸以东 70 km 处,发生了 9.1 级地震,并引发了高度为 40.5 m 的大海啸[115]。浮标记录的海啸波形如图 5.5 和图 5.6 所示,这些记录来自于 GPS 浮标、沿海海浪测量仪、潮汐测量仪和深海海啸评估和报告(DART)浮标。这些记录清楚地表明,被触发的近海海啸传播速度很低,主要记录在子网络(e)、(f)、(g)和(h)中,平均速度约 130 m/s,这是由海岸附近的浮标探测到的,表明了海啸的发生位置在浅海;深海 DART 浮标探测到了中等速度成分,平均速度成分约 230 m/s,主要记录在子网络(f)和(i)中,见 Fujii 和 Satake 等人的类似报道[116-117]。从图 5.5 和图 5.6 中,我们测得在海啸波的第一个周期中,

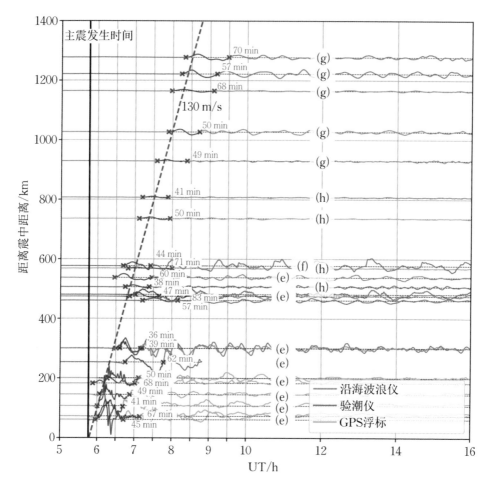

图5.5 日本海岸附近浮标测量的海啸波形记录

注:绿色代表GPS浮标,青色为沿海波浪仪,蓝色为验潮仪。红色标记叠加在波形记录线条上,表示海啸到达记录器后的第一个完整周期。标签表示记录器的地理子网络位置。

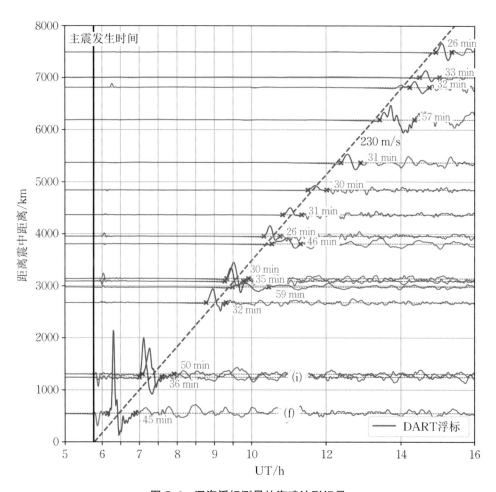

图 5.6　深海浮标测量的海啸波形记录

注:棕色为深海海啸评估和报告(DART)浮标。红色标记叠加在波形记录线条上,表
　　示海啸到达记录器后的第一个完整周期。标签表示记录器的地理子网络位置。

浅海地区的振幅比深海要大,浮标位置和浅海区域如图 5.1 所示。注意,标记的斜率对应于第一个波前的到达,余震产生的扰动较难识别。

5.4 GNSS 预处理和 ADDTID 表征模型增强方法

与地震海啸有关的 TID 特征描述过程将分为以下几个阶段进行:

第一阶段包括视线地理信息计算和 GNSS 数据预处理,即从 GNSS 载波相位数据中获取电离层组合、过滤趋势和偏差,选择 TID 有效高度计算电离层穿刺点 IPP 地理位置信息[6]。去趋势技术采用双差分来消除电离层组合趋势和偏差。双重差分延迟的选择是基于以下的先验性案例学习结果:Rolland 等人观察了地震海啸期间两种 TID 的发生,表现为以 500~1000 s 和 220~270 s 为中心的两种 TID 周期,可能来自声波和大气重力波[105];Galvan 等人报道了地震海啸期间周期通带为 200~2000 m 的 TID 信号[108]。考虑上述结果,在这项工作中,我们选择了时间间隔分别为 60 s 和 300 s 的双差分器。300 s 时间间隔的双差分器对海啸引起的 TID 有很高的敏感性,主要周期在 400~1200 s 之间;而 60 s 时间间隔则可保留周期在 80~240 s 范围内的 TID,这个周期范围的 TID 主要是由地震瑞利波或/和声学共振引发的。

第二阶段,在地震期间,震中上方的每小时 h_mF_2 变化范围为 246~265 km,气候 h_mF_2 值由国际参考电离层 2016 模型提供[51]。为了更好地描述重力波,我们假设由中性粒子和离子粒子之间的相互作用产生的最频繁的主导 TID 发生在 h_mF_2 以下[6],所以我们把 240 km 作为 TID 的平均有效高度,这比平均 h_mF_2 低。另一方面,在 Hernández 等人的实验中,使用 100~300 km 的不同高度模型对 TID 表征结果进行了比较,发现结果差异很小。因此,本结果应该与 Tsugawa 等人的研究报告内容相似[53]。图 5.7 也证实了选择 240 km 高度电离层单层模型的合理性。

在第三阶段,我们通过 ADDTID 模型来检测和表征 TID 传播参数。关于数学模型和实施细节,参见第 2 章中的详细介绍。为了描述检测到的 TID 地理分布特征,GEONET 网络被分为 9 个 10°×10° 网格子网,通过 ADDTID 模型分别对每个子网的 TID 局部传播参数进行估计,见图 5.1(a)~(i)中用洋红网格线标记的每个子网覆盖的地理区域。ADDTID 模型可以正确无误地恢复大多数 TID 及其传播特征,特别是从拥有更多 IPP 观测和更好仰角的子网(e)、(g)和(h)等。对于 TID 的局部参数估计,见第 4 章中关于 ADDTID 实施具体细节[85]。总体来说,利用 ADDTID 在子网络中实现复杂 TID 行为模式估计是合理的,因为模型具有对同时存在的多个平面波的表征能力,若将研究的 GNSS 网络地理区域进行适当分割,则可以通过平面波近似估计任意模式的全局波阵面。注意,在图 5.1 中,子网络中有些区域如在海面上位置并没有 GPS 地面站,检测所利用的 TID 数据源于邻近区域内的低高度角 GPS 卫星 IPP 观测集。

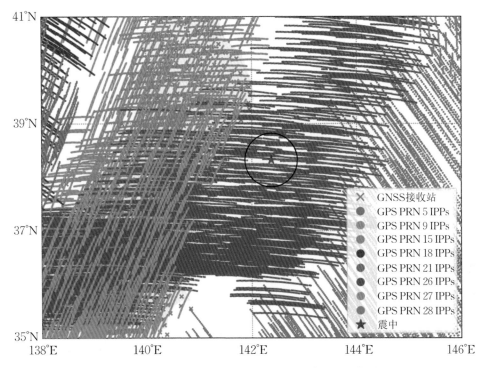

图 5.7　GEONET GNSS 观测站 240 km 高度 IPP 轨迹

注:5:45～6:15 UT,灰×标记为 GNSS 接收器的位置,红星为震中的位置, 其他颜色对应不同 GPS 卫星 IPP 轨迹。

另外,在 ADDTID 模型的 TID 估计实施中,最重要的一点是网络分区与震中或 TID 波阵面几何中心的地理位置关系。在本工作中,TID 波阵面几何中心类同于 Tsugawa 等人提到的电离中心[53],并假定格网(e)、(f)、(h)和(i)的中心为 TID 波阵面几何中心,则以较大概率在各子网中均匀地观测自中心向外传播的 TID。这种假定源于图 5.8 和图 5.9 中的 TID 扰动传播模型,特别是并未重合的震中和电离中心。

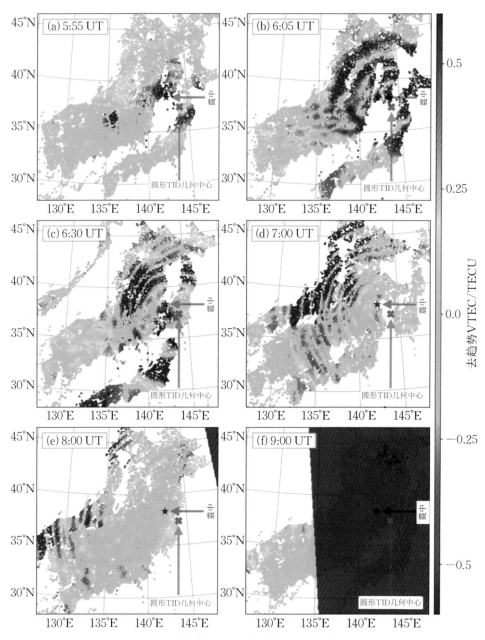

图 5.8　去趋势 VTEC 地图描述 TID 活动演变

注:通过双差分技术进行滤波,时间间隔为 300 s,GEONET 网络,2011 年第 70 天,所有 GPS 卫
　　星。(a)～(f)分别是在 5:55,6:05,6:30,7:00,8:00 和 9:00 UT 的去趋势 VTEC 地图。

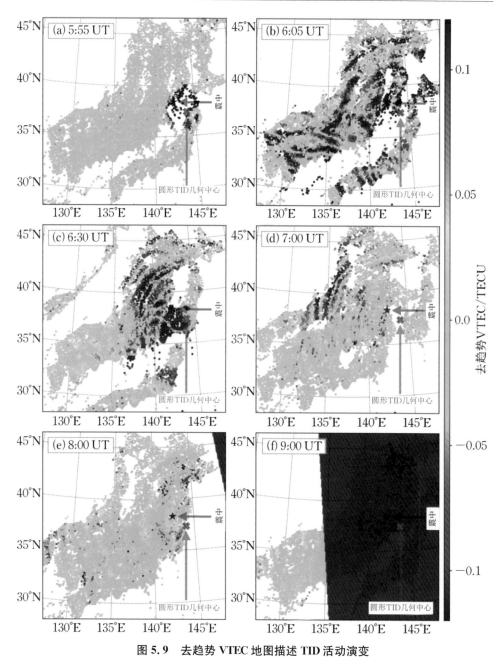

图 5.9　去趋势 VTEC 地图描述 TID 活动演变

注:通过双差分技术进行滤波,时间间隔为 60 s,GEONET 网络,2011 年第 70 天,所有 GPS 卫星。
　(a)~(f)分别是在 5:55,6:05,6:30,7:00,8:00 和 9:00 UT 的去趋势 VTEC 地图。

5.5 地震海啸期间 TID 传播特征

如前所述,去趋势 VTEC 观测数据记录了 TID 波阵面变化的碎片信息,包括同时出现并呈部分 TID 叠加的情况事实。在本节中,我们将通过去趋势 VTEC 时序图、去趋势 VTEC 地图和 Keogram 图来描述地震期间 TID 的显著特征行为,以确认 ADDTID 模型在第 5.5 节中的估计结果。另一方面,对于 ADDTID 模型可探测但难以通过直接检查而识别的某些 TID 传播参数特征,我们将在后续章节中进行详细介绍和分析。

5.5.1 电离层组合时序检查电离层扰动特征

在第 5.4 节中,我们已经证明了选择 240 km 作为地震海啸事件中 GNSS 观测期间单一电离层的高度是合理的。我们显示了从地震发生到 30 min 内的 IPP 水平地理位置,如图 5.7 所示,颜色散点代表了各 GPS 卫星的 IPP 轨迹。红星震中位置和棕色点 IPP 清楚地表明了 GPS 卫星 PRN 26 的 IPP 观测集记录了震中区域的电离层变化信息。对于该卫星 IPP 集,选择 IPP 位置距离震中小于 250 km 的 GNSS 观测时间序列来描述电离层扰动与地震海啸的关系,见图 5.7 中的黑圈标记。为了避免 GPS 信号失锁导致的伪扰动数据,我们过滤掉了发生周跳的接收器相位观测数据。图 5.10 显示了来自这些接收机的 STEC,通过任意排列的电离层组合 L_1 来描述电离层的变化。这组来自任意排列的 L_1 的 STEC 高一致性地显示出,在地震发生后的 10 min 内,出现了一个巨大的"N"型 TEC 下降,达到了约 9 个 TECU,TEC 下降后电离层产生了剧烈振荡。Saito,Chen 和 Tsugawa 等人也报道了类似的电离层对地震海啸的响应特征[53,107,118]。

由于时序无法描述扰动的波阵面空间状态,接下来我们将用去趋势 VTEC 地图和 Keogram 图对 TID 波阵面信息进行概括总结。

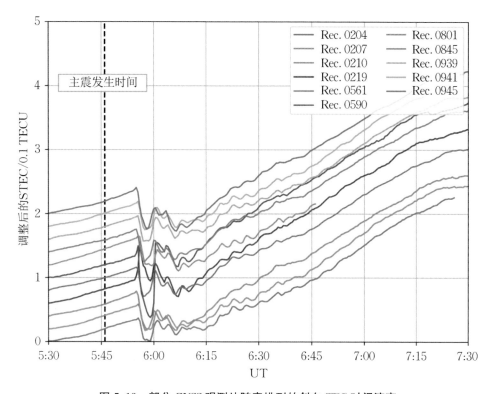

图 5.10 部分 GNSS 观测站随意排列的斜向 TEC 时间演变
注:5:30~7:30 UT,GPS 卫星 PRN 26,线条的颜色代码对应于不同的
GNSS 接收机,黑色破折线表示地震发生的时间为 5:46 UT。

5.5.2 去趋势 VTEC 地图描述 TID 波阵面状态变化

为了跟踪地震期间 TID 时空演变过程细节,我们利用 30 s 采样率 GEONET 网络 GNSS 观测数据,基于不同通频带滤波去趋势技术,构建了两组去趋势 VTEC 地图,见第 5.4 节中的去趋势滤波技术介绍。根据地震海啸事件过程和电离层响应特征,选取六个代表性时刻的地图快照,以总结不同类型 TID 的时空演变。

图 5.8 中显示了以 300 s 为时间间隔的双差分去趋势 VTEC 地图快照,描述了地震海啸 5:50~9:00 UT 期间电离层波动的 6 个典型时刻。发生的复杂多 TID 行为模式可以总结如下:在地震发生后,图 5.8(a)显示了一组突然出现的大尺度强电离层扰动波阵面,时间延迟为 8~10 min。图 5.8(b)显示了 10 min 后,

电离层表现出清晰的近似为圆形波的 TID,以可达 600 km 的水平波长进行传播。在 6:30 UT,如图 5.8(c)所示,TID 波阵面表现为从震中向外传播的同心圆形波扰动,且波长显示出至少两种明显不同的尺度,分别位于图 5.8(c)震中的西北和西南方向。在此之后,TID 以较小尺度,表征为一个明显的圆形波向外传播,呈现强度逐渐减弱的模式,直到大约 9:00 UT 消失,如图 5.8(d)~(f)所示。

对于 60 s 的双差分去趋势结果,图 5.9 显示了同样时刻的去趋势 VTEC 地图快照,以突出不同类型 TID 的存在性。与图 5.8 中所示的结果相比,可以看出至少有两种速度不同的电离层扰动,同时刻 TID 波阵面显示出较短的波长。特别地,如图 5.9(b)~(c)所示,60 s 双差分去趋势结果显示 TID 的速度更高、强度更低、持续时间更短。

注意,在假设的 240 km 高度,观察到圆形 TID 以同心波的形式进行传播,几何中心位于震中东南约 200~300 km 处,但中心并不完全与震中重合,如图 5.8 和图 5.9 所示。Tsugawa 等人通过假设 TID 高度为 300 km,也观察到了不重叠的情况,并将中心标记为电离层震中[53]。实际上,大气重力波由圆形海啸波阵面海啸的垂直位移产生,斜向外向上传播的重力波引发的 TID 几何中心应显示出与震中地理位置的一致性。一个可能的解释是源于 TID 在假定的 240 km 高度传播的投影误差,也可能是重力波驱动的 TID 传播过程中受到大气中性风或地磁场干扰导致的。在本工作中,我们的研究重点在于 TID 相对于其几何中心的传播模式和形态学变化特性。与此同时,注意到一些 IPP 显示同心的圆形波波阵面位置不一致,例如,如图 5.8(e)所示,但波面仅出现在震中的西南角,表明了这些波阵面具有不同的相位,这是因为这些波阵面观测信息来源于不同 GPS 卫星的 IPP 观测集。这可能表明,向上传播的 TID 波的相位是在不同有效高度上由不同 GPS 卫星同时测量,类似不完整的层析扫描,而电离层单层模型不能很好地分析这种情况下的 TID 传播。基于单层电离层扰动模型,这项工作只考虑了 TID 水平传播特性,而忽略了在垂直方向上的演变过程。为避免此类重叠问题,各单星 IPP 集分别应用 AD-DTID 模型来检测 TID 传播参数。

5.5.3　Keogram 图描述 TID 传播参数

图 5.8 和图 5.9 描述了作为地震/海啸电离层响应的 TID 圆形波阵面变化特征。为了表征此圆形波传播参数,将 IPP 去趋势 VTEC 观测按其位置与震中的地理距离排列,并绘制成距离的时间演化 Keogram 图,如图 5.11 和图 5.12 所示。

请注意,所有 GPS 卫星的 IPP 集都被用来绘制 Keogram 图,而几乎所有的卫星都显示出与圆形波相位特征相符的行为。

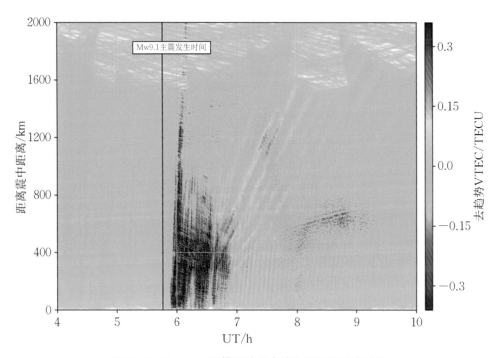

图 5.11　Keogram 图描述地震海啸期间 TID 演变过程

注:去趋势方法为 60 s 时间间隔的双差分法。2011 年第 70 天,观测数据为 GEONET 网络
　　所有 GPS 卫星的 IPP 观测集,通过与震中地理距离和时间描述去趋势 VTEC 观测。

图 5.11 中 60 s 时间间隔双差分和图 5.12 中 300 s 时间间隔双差分的去趋势 VTEC 的 Keogram 图,突出显示了在地震海啸的不同阶段,存在不同传播速度的圆形电离层扰动。与图 5.8 和图 5.9 类似,地震发生后约 10 min,突然出现了一组波长超过 500 km 的圆形扰动,初始阶段显示出非常高的传播速度,约 3000 m/s,特别是如图 5.11 中所示。这些振幅高达 0.5 TECU 的 TID 主要出现在 6∶00～7∶00 UT 时间段,并且在接下来的两个小时内逐渐消失。在这一时期,发生了几次低震级的余震,特别是在主震后的第一个小时内。请注意,主震相关的高速 TID 传播半径超过了 2000 km,而其他余震相关 TID 则随着时间推移变得更短。这表明,主震和余震可能引发此类高速 TID,其强度、传播距离与地震震级成正相关。另一组 TID,速度从 3000 m/s 下降到 750 m/s 左右,显示出更大的波长,如图 5.12 所示。

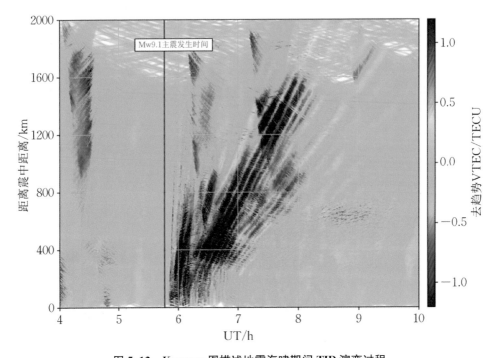

图 5.12　Keogram 图描述地震海啸期间 TID 演变过程

注:去趋势方法为 300 s 时间间隔的双差分法。显示方案如图 5.11 所示。

　　第三组 TID,显示出更低的传播速度,在很短时间内从 400 m/s 下降到 150 m/s。图 5.11 和图 5.12 中所示结果均可以清楚地看到圆形扰动,且 300 s 时间间隔的 Keogram 图显示出了更高的振幅。Rolland,Liu,Tsugawa 和 Galvan 等人也报道了这一点[53,105-106,108]。特别是 Tsugawa 和 Galvan 等人指出了速度为 1000～3000 m/s 的圆形 TID,其速度与 Rayleigh 波一致,应由这种地震中产生的表面波引发[53,108]。实际上,速度为 750～1000 m/s 的圆形 TID 应该是由地震在海面激发的声波引起的,而速度较低的为 400～150 m/s 的中尺度圆形 TID 则可能是由海啸产生的重力大气波引起的。

　　另一个观测事实,Keogram 图中显示的低速 TID 的传播速率与海啸波浮标测量得到的海啸平均传播速度具有高一致性,如图 5.5 和图 5.6 所示,这也暗示了探测到的 TID 扰动的不同性质。然而,TID 在不同方向的传播速度是否与海啸在浅海和深海的传播速度特性具有一致性,无法从图 5.11 与图 5.12 所示结果中进行合理评估。

在下一节中,我们将讨论上述三种方法的局限性,并将利用 ADDTID 模型展示替代上述三类典型方法并合理表征 TID 传播特征。ADDTID 允许对 TID 传播的不对称性进行建模,可确定每个具体扰动的地理位置,并展示扰动在不同位置的时间演变。事实上,受到地磁场等因素影响,TID 圆形波的各向同性假设并不完全正确。海啸驱动的 TID 传播,不仅取决于来自海面的重力波的方向和速度,还受海岸地理结构和海水深度变化的影响[92]。

5.6　ADDTID 检测表征 TID 特征

我们应用 ADDTID 模型自动检测和描述地震海啸发生期间的多尺度电离层扰动传播过程。与地震海啸有关的 TID 传播几何估计是在 $10°×10°$ 的九个网格中进行的。这些网格属于 GEONET 网络的分区网络,位于北纬 $25°\sim55°$、东经 $125°\sim155°$,覆盖了地震海啸地区,如图 5.1 所示。借助 ADDTID 估计结果,我们将展示由 TID 圆形波的各向异性传播细节特征。在 $4:00\sim9:00$ UT 时间段,我们将从方位角、速度、波长、周期和相对强度等方面表征 TID 的地理属性。基于 TID 传播特征将基于以下方式进行描述:① 按照地震海啸驱动 TID 事件的关键时刻分成四个时间段,利用极坐标图和直方图来描述该时间段内每个网格中的 TID 传播,即图 5.13～图 5.21 分别为 $4:00\sim9:00$ UT 期间的传播方位与速度极坐标图和传播参数直方时间演化图;其余类似;② 图 5.13～图 5.21 中均共同显示了从 $60\sim300$ s 间隔的去趋势 VTEC 数据中检测到的扰动。

图 5.13 与图 5.14 显示了 $4:00\sim5:45$ UT 期间的 TID 特征描述。图 5.13 的极坐标图显示了 TID 方位角与速度的关系,利用颜色编码进行标记和区分不同的时间段,并且叠加在划分的九个区域子网中的地理地图上。波长大小由每个检测到的 TID 事件散点的点圆半径表示,比例尺见图例。这使我们可清楚地区分不同尺度波长的扰动方向和速度。在图 5.14 中,我们显示了检测到的 TID 传播参数直方图的时间变化。直方图的目的是为了强调子网络中扰动参数的分布和偏移演变,其颜色代码表示波参数直方图所对应的子网络,即是图 5.13 中描述的 TID 方位角与速度等参数的一个给定。作为图 5.13 的补充,图 5.14 可以更好地描述检测到的扰动在参数上的一个概率分布。注意,直方图以线性尺度描述了周期、波长和方位角方面的分布统计,但以对数尺度对速度进行了统计。最后,直方图统计的

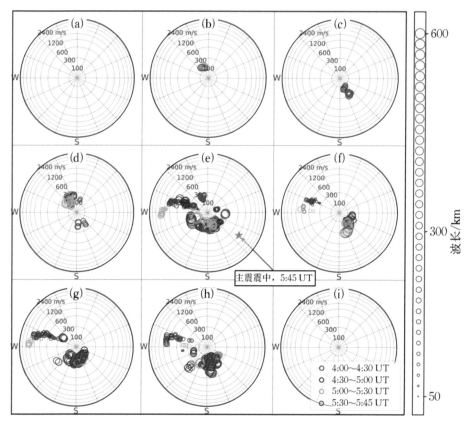

图 5.13   方位角与非均匀速度极坐标图显示震前期间 TID 的参数演变过程

注：(a)～(j)代表各子网中 TID 事件的方位角与传播速度，散点大小代表 TID 波长，
　　颜色代码指示不同的时间间隔。

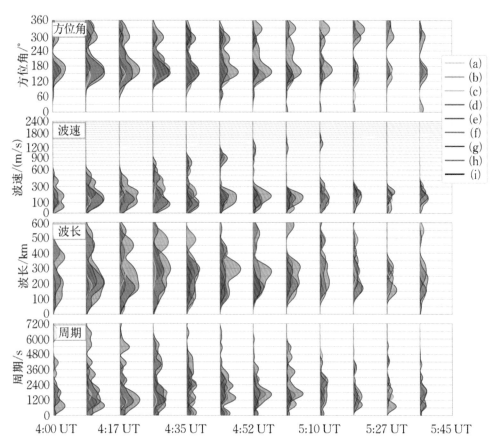

图 5.14　按振幅加权的非均匀比例直方图显示震前 TID 参数方位角、
速度、波长与周期的演变过程

注：(a)～(j)用颜色代码代表各子网中 TID 传播参数。

是以对数尺度的按振幅加权的归一化计数。

在接下来的章节中,我们将介绍 TID 地理分布的时间分析,各小节和地震海啸有关的不同传播特征一一对应,特别是在震前阶段,震后的早期、中期和最后阶段,每个阶段又被细分为较小的时间间隔,大约在 15～30 min 之间,以便能够对 TID 事件进行精细分析。

5.6.1 震前阶段 TID

在本小节中,我们将介绍地震发生前日本上空电离层状态概况,时间跨度为 4:00～5:45 UT,约 13:30～15:15 LT。应用 ADDTID 算法的结果显示在图 5.13 和图 5.14 中。

在第一个子阶段,即 04:00～04:30 UT,如图 5.13 中的红色圆圈所示,出现了振幅为 0.08～0.2 TECU 的 TID,且大多数向赤道传播,伴随着少量低振幅、低速度的 TID 朝西运动。这些向赤道传播的 TID 波长和周期分别为 100～500 km 和 10～60 min,这与冬季白天的中尺度 TID 季节性气候特征是一致的[3]。在图 5.14 的直方图中,每个子网络中 TID 参数的时间演变均显示出一致的行为。

在接下来的两个子阶段,即 4:30～5:00 UT 和 5:00～5:30 UT,见图 5.13 中的蓝色和青色圆圈,电离层扰动显示出明显的传播行为,见图 5.13 的子网(e)、(g)、(h)和(f)中显示的由朝西运动的 TID。这也反映在直方图中,即在 300°方位角处出现了一个清晰的特征。不仅如此,直方图时间序列显示的一个最重要的特征是速度的传播行为。该行为的速度最大值显示出对数尺度的线性轨迹,即速度变化范围为 300～1000 m/s,这与极坐标图中显示的朝西运动的 TID 轨迹相对应。TID 这种西向特征在 4:00 UT 出现,在 5:30 UT 左右消失,振幅小于 0.1 TECU。注意在 4:30 UT 之前,其他检测到的更高强度和速度的 TID 掩盖了该 TID。直方图 5.14 显示,从 4:00 UT 开始,该特征以低速出现,然后不断加速、逐渐变弱直至消失,在整个持续时间内,其波长在 50～120 km 之间。

在 5:30～5:45 UT 的子时间区间,即在地震发生前 15 min 内,图中的 TID 显示出低强度的活动,其行为再次与季节性气候学相吻合。这些扰动,特别是向西的 TID,可以在去趋势 VTEC 地图快照中清楚地看到,但从 L_1 的时间序列(图 5.7 和图 5.10)和 Keogram 图(图 5.11 和图 5.12)的直接检查中却不能被发现。这是因为在 L_1 波动变化相对于 L_1 的尺度较低,而在 Keogram 图中,TEC 的时间演变是与震中距离的函数,这对于波阵面形状与圆形波有明显差异的 TID 的研究是不充分的。

5.6.2　震后与瑞利波有关的快速 TID 的形态分析

地震发生后的大约十分钟内,电离层状态是安静的,随后突然爆发了大量的 TID 活动,作为电离层对地震海啸的响应。根据观测,产生的 TID 扰动是强烈而多样的,具体表现为大规模的 TEC 下降,随后是 TEC 的长期波动,如图 5.10 所示。特别地,TID 表现为几乎圆形波的波阵面,见如图 5.8 和 5.9 所示的去趋势 VTEC 地图快照。图 5.11 和图 5.12 所示的 Keogram 图显示了这些圆形 TID 以不同的传播速度出现,可能有多重起源,并且部分 TID 与海啸波形记录数据一致。

图 5.16~图 5.21 中展示了基于 ADDTID 模型的 TID 估计结果,对地震后出现的 TID 时间进行更为细致的描述。如前所述,将观测的 GEONET 网络划分为九个子区域,以研究 TID 传播中不对称性的影响以及难以通过第 5.5 节中的典型方法检测到的其他 TID 成分。上述圆形波波阵面也可在图 5.15 中观测到,该图显示了从 6:00~6:10 UT 期间子网络(e)和(f)相关区域的去趋势 VTEC 地图快照。

初始 TID 的突然爆发,可能源于地震引发的瑞利波[53,106,108]。这些来自地震瑞利波的 TID 出现在图 5.11 的 Keogram 图中,即在 5:55 UT 左右,突然显示出高速扰动。这些结果同样也显示在图 5.16 和图 5.17 中的极坐标图和直方图中,可以看到,TID 几何中心周围的子网(e)、(f)和(h)中的快速 TID 活动频繁。此外,正如在波长直方图中所看到的,这些快速 TID 与波长大于 500 km 有关。请注意,TID 几何中心位于震中的西南部。ADDTID 模型被设计具有谐波形状,即扁平正弦波的检测能力。由于 TID 突然出现,对应于电离层的瞬态响应,基于 ADDTID 模型可正确估计 TID 传播的方向、波长和强度。由于这些高速 TID 的初始强度较低,当遇到振幅降低时,ADDTID 对高速度的估计变异性可能会增加[4]。为了客观表征 ADDTID 检测到的速度参数,在极坐标图和直方图中,上限速度被限制在 2400 m/s,高速扰动被表示在极坐标图的边界附近。为了更清楚描述速度分布,我们用对数尺度对 TID 速度进行统计。注意,检测到的本地 TID 方位角与圆形波传播是一致的,特别是在(e)、(f)和(h)子网络靠近震中的交汇处,如图 5.15 所示。

接下来,我们将详细地展开分析 TID 在时间上的演化过程。如图 5.16 和图 5.17 所示,在 6:00 UT 之前检测到一个突然发生的、快速的大尺度扰动,有明确的起始时间和强度,随后是一系列多尺度的扰动,具有更高的强度。在邻近震中的子网络(d)、(e)、(f)和(h)中,首先爆发的 TID 出现在 5:45~6:00 UT 的子时间间隔

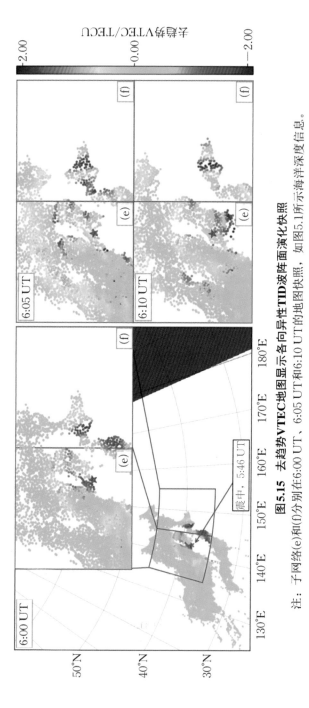

图5.15 去趋势VTEC地图显示各向异性TID波阵面演化快照

注：子网络(e)和(f)分别在6:00 UT、6:05 UT和6:10 UT的地图快照，如图5.1所示海洋深度信息。

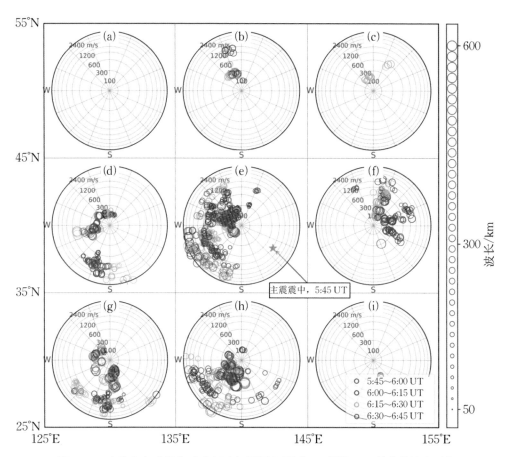

图 5.16　方位角与非均匀速度极坐标图显示震后 1 h 期间 TID 的参数演变过程

注:显示方案如图 5.13 所示。

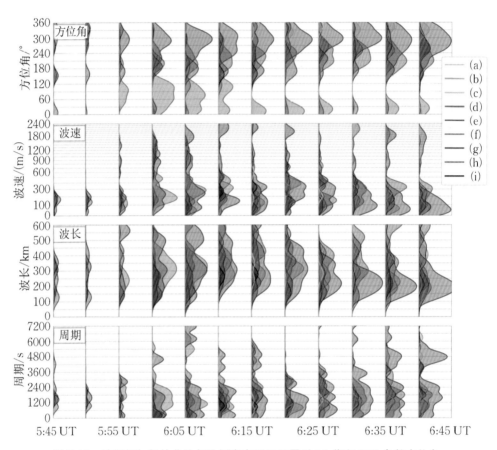

图 5.17 按振幅加权的非均匀比例直方图显示震后 **1 h** 期间 **TID** 参数方位角、
速度、波长与周期的演变过程

注：显示方案如图 5.14 所示。

中,并向多个方向传播,特别是在 70°、250°、300° 的方位角上,即从电离几何中心向外传播。ADDTID 估计的速度为 1500～2400 m/s,考虑到 ADDTID 对于弱 TID 速度检测存在的变异性,此结果与 Keogram 图中检测到的高速扰动的传播速度相符。ADDTID 模型可以确定的是,高速 TID 的圆形传播特征首先只出现在震中附近,其速度分布特征在图 5.17 的直方图中可清楚地分辨出来。

在接下来的 6:00～6:45 UT 时间内,从子网(b)、(e)和(f)中短暂检测到一组向北传播的高速扰动。同时,在子网(f)中,有一个明显的高速扰动成分朝东传播。此外,在(e)和(h)中朝西南方向约 250° 方位角的 TID 事件,为该时间段内检测到的大部分高速 TID 事件数量。上述高速扰动显示了从中心向外传播的近圆形波的时间和空间特征。

另一方面,这是一个明显不对称的中心向外传播方式,主要原因是速度扩散程度随方向不同而呈现不同的变化。传播中的另一个不对称性是检测到 TID 的子网络(d)和(g)比子网络(e)和(h)距离震中更远,这几个子网络出现的主要快速扰动几乎表现为向南传播,约 185° 方位角,并从 6:00 UT 开始持续出现了约 15 min。这表明不同位置的电离层对地震海啸的反应明显不对称,在波阵面形态上可能是震中周围的近圆形扰动与远处西部的南向平面波的叠加。这些与瑞利波有关的 TID 与 Keogram 上检测的结果相吻合,在时间和地理位置上与余震相吻合,特别是一些重要的 TID 与 6:08 UT 发生的 6.7 级余震、6:15 UT 发生的 7.9 级余震和 6:25 UT 发生的 7.7 级余震高度相关[119]。注意到在子网络(d)、(e)和(h)中 IPP 具有相似的卫星仰角,子网络(e)的速度直方图与其他相比表现为最高强度(即按振幅加权的事件数量统计)。这种强度差异分布可能与观测区域到震中的距离有关。这些可能表明,与瑞利波有关的 TID 在传播过程中迅速衰减直至消失,该特征在后续阶段中也可得到再次验证。

在后期阶段,即 6:45～9:00 UT,高度 TID 事件数量逐渐减少,最后几乎在所有子网络中都消失了,除了在子网络(e)仍有少量高速 TID 事件存在,其主要传播方位角在 240° 到 270° 之间,如图 5.18～5.21 所示。与震后早期的高速 TID 相比,此阶段检测到的 TID 事件数量较少,强度也弱得多。这些可能与期间产生的较小等级的余震有关,例如,在 6:59 UT、7:15 UT、7:29 UT 和 8:19 UT 左右发生了 6 级左右的余震[119]。特别是在图 5.18 的极坐标图(e)中,有一组方位角约为 290° 的高速扰动(品红色圆圈),这可能与 8:19 UT 的 6.5 级余震有关。在与速度的直方图演变中,在 8:23 UT 有一个速度峰值,约为 1200 m/s,并以指数方式短时增加到 1800 m/s。此外,在整个时期内,高速 TID 的波长和周期分别集中在 400～600 km

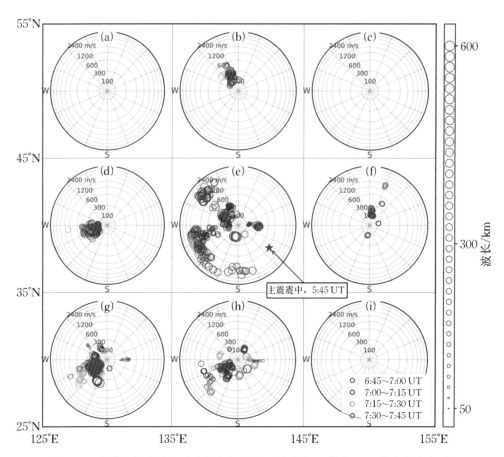

图 5.18 方位角与非均匀速度极坐标图显示震后第 2 h 期间 TID 的参数演变过程

注:显示方案如图 5.13 所示。

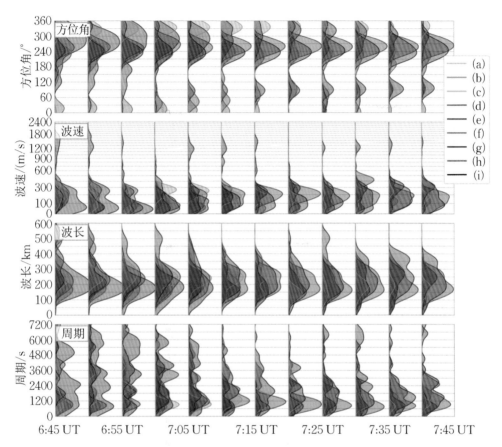

图 5.19　按振幅加权的非均匀比例直方图显示震后第 2 h 期间
TID 参数方位角、速度、波长与周期的演变过程

注:显示方案如图 5.14 所示。

和 100～300 s 之间,见直方图 5.19 所示,这与 Rolland 和 Galvan 等人的观测报告
相符[105,108]。

5.6.3　海啸驱动下中速和慢速 TID 传播的各向异性

接下来我们将重点描述与海啸有关的中、低速 TID 传播。地震发生后早期,
一些速度在 100～300 m/s 之间的 TID 突然出现在靠近震中的子网络中,如图
5.16 中的蓝色标记,特别是在 6:10 UT 左右,这些 TID 清晰地出现在震中附近的
子网络(e)、(f)、(h)和(i)中。每个子网络中显示的 TID 局部方位角,大致给出了
圆形波的切线,这与图 5.9 中的去趋势 VTEC 地图快照上观察到的同心圆形波相
一致。

实际上,地理分区网络允许这个局部空间尺度上将局部圆形波阵面近似为平
面波模式。ADDTID 模型估计了大多数 TID 在 5:45～9:00 UT 期间的传播参数。
根据统计,波长在 200～400 km 之间,振幅在 0.4～1.2 TECU 之间。此外,更大波
长(300～500 km)、更快速度(600～1200 m/s)的 TID 事件集也显示出近似圆形传
播。尽管在子网络(f)中仅拥有非常少的有效 GNSS 观测,其网络中的 TID 也同样
被 ADDTID 检测到,如图 5.16(f)和图 5.17(f)显示了检测 TID 从震中向东传播。

在 6:15～6:45 UT 期间,圆形电离层扰动,已经到达了远离震中的子网,如图
5.16 和图 5.17 中的子网络(b)、(c)、(d)和(g)相关 TID 检测结果所示。图 5.17
的直方图显示了三种具有不同传播特征的扰动,即① 由海啸引起重力波驱动的主
要 TID,振幅高达 1.2 TECU,具有中等规模的波长,速度范围为 50～400 m/s;
② 最弱振幅的 TID,振幅约 0.15 TECU,与来自海面的声波有关,具有 300～500 km
的较大波长和 600～1200 m/s 的较高速度;③ 地震瑞利波引起的高速 TID,这些扰
动的波长最大,速度超过 1500 m/s,振幅较低,为 0.05～0.3 TECU,见第 5.6.2 小
节的详细讨论。这三种行为模式已经在 Saito,Rolland,Song,Tsugawa,Liu,
Galvan等人的观测研究结果中报道和讨论过[53,105-108,120],也可在 Keogram 图中进
行交叉确认。请注意,在此时间段内 TID 仍然出现在震中附近的子网络中,这与
TID 同心圆形波的持续向外扩散特性相符。尽管 9 个子网络中的 TID 传播检测
结果仅能给出粗略的地理信息,但仍然可指示其 TID 圆形波几何中心的大致位
置,即邻近或在子网络(e)、(f)、(h)或(i)中。

接下来我们将描述中速和慢速 TID 的各向异性传播特征。传播的不对称性
在图 5.8 和图 5.9 中可以观察到部分线索。在 6:05 UT,地震产生的扰动在两个

去趋势 VTEC 地图快照中都呈现出纬向速度大于经向速度的特性,即波阵面近似椭圆形状,并且,在地图西南角显示出与圆形完全不一致的波阵面与传播方位角。这种椭圆形状可能与 TID 传播过程中受到地磁场影响有关,这与地图投影造成的扭曲是不同的。注意描绘 Keogram 图的假定前提为 TID 的圆形波传播模式,因此 TID 的不对称性无法从此类型的图中获取。为了更详细地描述这种不对称特性,我们通过图 5.16 和图 5.17 基于 TID 的本地传播特征分别进行描述。

第一个现象是可能存在着的两个主要的 TID 传播方向。如图 5.16 所示,在极坐标图表示的子网络(d)、(e)、(g)和(h)中可以观察到全西向的传播。在这种情况下,大部分扰动位于 200°~300°方位角附近。速度直方图中描述了子网络(e)中主要向西北方向传播的 TID,其统计分布显示了主震后传播速度为约 50 m/s 和 240~350 m/s 的两个统计峰值区间。注意这两个中较快的一个速度峰在约 6:45 UT 时逐渐降低至约 75 m/s,这与子网络(e)中海啸波首次到达几乎所有海岸浮标的时间高度一致。从位于深海的子网络(f)的 ADDTID 探测结果可以看出,TID 传播情况与位于 TID 几何中心以东的传播事实一致。在 5:55~6:00 UT 期间,子网络(f)的方位角直方图显示了 TID 在 10°~150°方位角区间内存在三个不同的峰值传播方向,在 6:00 UT 后方位角峰值汇聚在以 20°为中心处。速度直方图的主要区间峰值从 150 m/s(5:55 UT 附近)增加到近 400 m/s(6:25 UT 附近)。这与深海 DART 浮标所给出的测量结果是一致的,特别是距离震中不到 2000 km 的浮标海啸波形记录结果,具体如图 5.6 所示,深海 DART 浮标位置如图 5.1 所示。注意,海啸产生的重力波与驱动的 TID 间的相互作用不是线性的,因此,检测的 TID 水平速度的增加在一定程度上反映了海啸波速度的变化,即但这并不是严格意义上的比例关系,正如在 Hines 等人提到的那样[92]。这可解释在图 5.16 和图 5.17 中观察到的行为,其中一个主要 TID 成分向东传播,方位角约 90°~120°,速度的增加与海的深度增加相一致。海啸的电离层扰动可以被认为是重力波 TID,其速度有如下表达式:$v=\sqrt{gh}$,其中,h 是海洋深度[121]。在子网络(h)的结果中可以看到类似的效果,在方位角 170°和 220°上的 TID 分量传播速度(300~450 m/s)显示出比朝海岸方向传播分量速度(100~200 m/s)更高。子网络(g)中也显示了类似的行为,即向南传播比向西传播的 TID 快。

此外,子网络(f)中的另一组 TID 显示出不同的方位角,约 30°方位角,即朝东北方向传播。与这组 TID 相关的速度直方图统计,见绿色标记,从 6:10 UT 开始,在这个方位角上显示了一个峰值区间,如图 5.17 所示。显示的峰值速度从大约

200 m/s 开始减慢,在 6:30～6:45 UT 阶段,表现出低于 100 m/s 的低速,这与平行于板块交界线传播的 TID 相对应。若假设电离层扰动几何中心东北方向的扰动来源于震中附近的一个地理位置,这些扰动可能是来源于海啸在浅海区的东北方向传播波阵面。另外,从速度直方图中可以看出,东北方向 TID(源自浅海)比西南方向 TID(源自深海)的振幅强度低得多,这种扰动速度与强度的关系与其他子网络中的关系相反。一个可能的解释是,该子网络中的 IPP 去趋势 VTEC 观测是从低仰角条件下观察到的,单电离层模型的投影校正函数可能导致和加剧了这个强度的失真。

针对慢速 TID 波长,如波长直方图所示,在地震刚发生后,传播散度很高,在所有分区子网络中的统计分布几乎是均匀的,在子网络(e)中检测到的 TID 数量随时间缓慢增加,波长散度下降,直方图波长峰值也从 400 km 减少至约 200 km。请注意,速度低于 100 m/s 的慢速 TID 周期显示大于 60 min,而快速 TID 周期为 30～60 min。这种周期分布与浅海浮标和深海浮标探测到的第一个海啸波周期相吻合,如图 5.5 和图 5.6 所示。

在海啸传播中期阶段,即 6:45～7:45 UT,TID 方位角与速度极坐标如图 5.18 所示,除了距离震中最远的子网络(a)、(c)和(i)以外,其他所有子网络都出现了波长为 200～300 km 的 TID 传播事件。其自中心向外的方位角、相似的波长和波速构成了 TID 圆形传播特性。子网络(e)在 6:45～6:55 UT 时间段内,显示了一组以方位角为 240°的扰动,这与子网(d)、(g)和(h)中检测到的 TID 应源自同一圆形波阵面。图 5.19 中速度直方图显示出子网络(e)中的 TID 继续保持低于 100 m/s 的速度峰值,该特征保持直到 7:45 UT,该速度估计与 Keogram 图中显示的 TID 速度斜率一致。在第 5.7.2 小节中,我们将提供关于每个子网络中 TID 速度变化的更多信息,并尝试将其与海啸传播联系起来。子网络(e)和(h)中的慢速 TID 活动从 07:00 UT 开始表现出振幅强度下降,而子网络(d)和(g)中的 TID 出现了类似的衰减,并延迟了 65 min。

在海啸传播末段,即 7:45～9:00 UT,如图 5.20 和图 5.21 所示,这些 TID 活动逐渐下降。从极坐标图 5.20 中可以看出,当前 TID 方位角分布主要有 310°和 90°两个方向,这可能是由海啸波纹波驱动的圆形扰动向外传播导致的。在最后时间段,即 8:30～9:00 UT,与海啸有关的 TID 几乎消失,此刻电离层对晨昏线移动的响应,即具有更强振幅的中尺度 TID 重新显示出与地震前相似的西向传播,见 5.6.1 节所述。这表明海啸的电离层影响从这一时刻开始逐渐消失,这与去趋势 VTEC 地图(图 5.9)和 Keogram 图(图 5.12)结果一致。

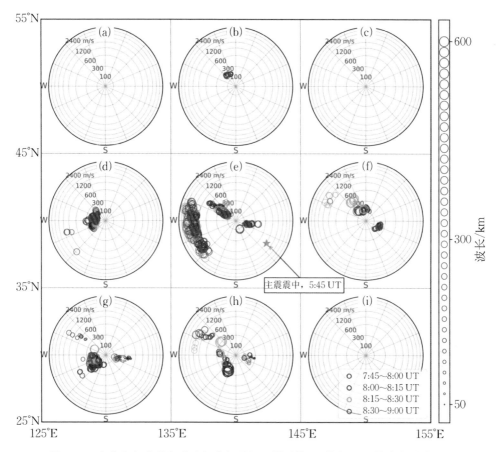

图 5.20　方位角与非均匀速度极坐标图显示震后第 3 h 期间 TID 的参数演变过程

注:显示方案如图 5.13 所示。

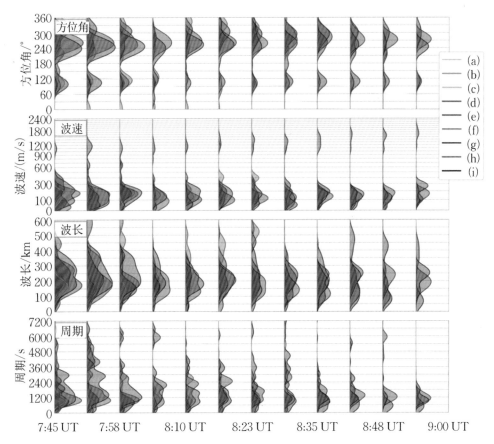

图 5.21　按振幅加权的非均匀比例直方图显示震后第 3 h 期间

TID 参数方位角、速度、波长与周期的演变过程

注：显示方案如图 5.14 所示。

5.7　TID 的关键地震海啸特征

5.7.1　震前 TID 异常特征

在主震前约一小时内,出现了一组快速向西移动的小尺度 TID,见第 5.6.1 节的介绍,与冬季白天的行为相比,该组 TID 显示出非典型的传播特性,且向西传播方向与太平洋板块在日本本州北部板块下俯冲交界面垂直。与 Heki 和 Kamogawa 等人的研究结果在时空上一致,我们发现在震前 40 min,有一个 TEC 增强形式的震前 TEC 异常现象[122-123]。然而,图 5.13 中检测到的西向快速 TID,在浮标的测量中并没有一致特征的观测记录。注意到在 4:12 UT 时发生了一个 4.2 级的小规模地震,但在地震前后,均没有检测到有任何特殊的 TID 传播形式。为了确认检测到的西向快速 TID 是否为震前信号,在表 5.1 中,我们总结了与地震日邻近 6 天和震后一年的电离层活动,时间段为 4:00~6:00 UT(即 13:30~15:30 LT)。选择这些日期和时间段的标准是,较少或无地震活动、接近地震日或相同季节,以避免 TID 的季节性和昼夜变化特征的不同影响。我们检查了西向快速 TID 的存在与否以及与去趋势 VTEC 地图的联系。此外,我们还调查了各种空间天气情况,如地磁场活动、太阳辐射通量和太阳黑子活动等。统计结果表明西向 TID 几乎出现在所有被调查的时段中,这些低强度 TID 应与地震无关,这可能是与季节性、昼夜特性、电离层异常或地磁活动有关,见春分期间由晨昏线移动引起的西向 TID 活动[4,43,52]。而与向赤道方向传播的 TID 相比,此西向 TID 强度较低,时间为 13:30~15:30 LT,GEONET 网络距离晨昏线很远,表明了出赤道异常等其他因素引发此类 TID 的可能性。因此,震前 40 min 出现的这组西向 TID,不能作为电离层地震前兆指标,尽管它们的来源和发生事件可能与地震时空参数相关。然而,该类型的 TID 波长、速度变化和地理分布等传播参数特征的描述到目前为止还没有被报道过。

表5.1　2011～2012年部分日期04:00～06:00 UT期间西向电离层扰动统计

日期	距离地震时间	西向扰动活动	地震活动次数与最大震级	Kp指数	10.7 cm太阳射电辐射通量	太阳软X射线耀斑的强度
2011-03-01	−10	未发现	无	2−	111	C-7
2011-03-05	−6	发现	无	2+	135	C-15
2011-03-09	−2	发现	11；Mw5.6	1−	143	C-9；M-2；X-1
2011-03-11	0	发现	7；Mw9.1	5+	123	C-12
2011-03-16	5	未发现	8；Mw5.4	0	95	C-3
2011-03-21	10	发现	4；Mw5.0	1−	101	C-3
2012-03-09	364	发现	1；Mw4.9	6+	146	C-10；M-1
2012-03-10	365	发现	无	5−	149	C-9；M-1

5.7.2　跟踪海啸的 TID 速度特征

本节目的是通过 TID 速度的统计分布，以跟踪沿海海啸的传播特征，如图5.22所示。我们假设由地震引发的海浪可用重力波方程来描述，其速度与 $\sqrt{gh}$ 成正比。实际上，海上重力波和电离层扰动的相互作用并不直接，海浪速度的增加或减少在电离层扰动中不一定是线性的[93]。在地震前，速度统计分布是不规则的。在地震后的子网络(f)中，直方图速度峰值显示了与观测结果相关的速度增加，这与子网络(f)位于地震东部、深海区域，即海的深度大于其他分区子网络的事实相一致。在6:15～7:00 UT的区间内，子网络(e)在震中地区和最近的沿海地区观察到了较强的 TID 活动。这种强度的振幅在图5.22中的振幅直方图中是明显的。此外，图5.5和5.6子网络(e)中浮标的测量值显示，在这个时间间隔内，该区域海啸波测量振幅大于其他分区子网络。图5.16和图5.22中的一个重要方面是，速度直方图显示了两个区间峰值，其中心分别在300 m/s和75 m/s。在浮标测量中观察到的海啸波传播速率大约130 m/s，这可能是两个速度峰值之间的加权平均。这种速度直方图统计分布的差异与以下事实有关：当地震发生在离海岸较远的地方时，TID 将在大陆架区域和大陆架以外的区域传播。在图5.1中，我们描绘了海底的深度信息。考虑到扰动在海洋中的传播速度与深度平方根成正比，而速度直方图区间峰值显示出了两个最高权重，其中较慢的速度可能对应于海啸在海岸线上的运动。请注意,速度模式的分布也反映了余震的持续存在。

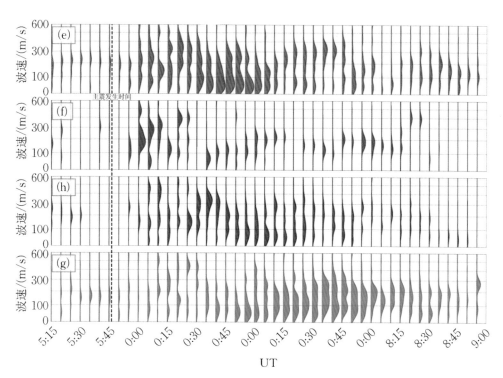

图 5.22　子网(e)、(f)、(h)和(g)的 TID 波速直方图统计时间演变过程

同样的 TID 传播模式出现在子网络(h)中,延迟了大约 15 min,它位于子网络(e)的南部。在这两种情况下,速度直方图的最终峰值在大约 75 m/s 处。位于南面的子网络(g)显示了两个类似的 TID,在 6:10~6:20 UT 和 6:25~6:45 UT 间,速度直方图则详尽显示了扰动速度的变缓。在 6:50~7:10 UT 间,我们研究到海啸引起的扰动是如何连续影响子网络中的本地 TID 活动。如图 5.1 所示,子网络(h)与子网络(e)相邻。另一方面,图 5.22 显示了子网络(e)和(h)的直方图速度峰值的递减模式。子网络(e)中的速度递减特征开始出现的时间比子网络(h)早15 min。然后在子网络(g)中观察到类似的效果,它与子网络(h)相邻,且延迟时间略小于半小时。另一方面,在子网络(f)区域,扰动的出现相对于子网络(e)有一个小的延迟,并且速度增加,这是因为在这个方向上海洋的深度增加了。

图 5.22 中各传播参量的直方图统计分布反映了海啸沿着日本沿海地区的运动变化。ADDTID 模型一个可能的应用是作为一种实时跟踪方法,可专门用于类

似日本地区或其他具有 GNSS 高密度永久接收器的高风险地区（如美国加州或欧盟的地中海沿岸）。这将有助于监测海啸的各种运动，从而为可能受到影响的地区提供及时的早期预警。

小　　结

在这一章中，我们描述了 2011 年第 70 天日本东北地震/海啸产生的圆形 TID 传播特征，并介绍了检测到的 TID，分析了可能的不同起源。特别是通过 ADDTID 模型对 TID 传播检测与表征，并利用电离层组合序列、去趋势 VTEC 地图和 Keogram 图的视觉检查进行交叉验证。此外，我们还检测到震中周围向东、向西 TID 之间不同的波阵面强度，这和 TID 的海啸传播模型的高度分布一致。

第 6 章　总结与展望

本书的主要内容是对进行式电离层扰动的原子分解检测模型即 ADDTID 进行了系统的介绍。ADDTID 是一种可确定电离层扰动未知数量的检测方法,可在没有人为干预的情况下自动确定电离层扰动状态,并同时检测表征传播参数特征。应该强调的是,对于低强度、低速电离层扰动,除非已具备明确寻求一个特定电离层现象的目的,否则很可能会被忽略掉,而实际上这些扰动是电离层空间天气中频繁出现的特征。在案例研究中,为了验证 ADDTID 的检测结果,我们对于基于 ADDTID 模型发现的每个电离层现象,均利用了去趋势二维 VTEC 地图的连续时间快照对该现象进行了某种程度上的证实。

需要特别指出的是,我们介绍的某些电离层扰动现象是以盲检测的方式偶然发现的。也就是说,ADDTID 表征结果显示出电离层的异常现象后,再通过人工检查去趋势 VTEC 地图,同样也检测到了与 ADDTID 模型结果相一致的扰动特征。例如,由低能量级别地震产生的圆形波阵面、日食初亏阶段前出现的孤子波和驱动源不明的夜间高速中尺度 TID 活动等。

总体来说,与各章有关的具体结论如下:

在第 2 章中,作为一种全面的多 TID 检测与表征模型,我们详细介绍了 GNSS 多 TID 同时传播模型 ADDTID 的建构与论证,包括模型的描述、数学论证和解算方案。最后,在模拟的密集 GNSS 网络中成功应用了 ADDTID。本章的主要结论如下:

(1) 作为一种全新的、鲁棒的 GNSS 多 TID 同时传播模型,ADDTID 在检测与表征大规模密集 GNSS 网络观测的 TID 传播参数方面显示出高灵敏度,例如在日本 GEONET 和美国 CORS 网络中开展的测试。

(2) 尽管三维地图到平面的投影存在一定程度的失真,例如日本 GEONET 网络观测数据的投影失真度约为 2.35%,但 ADDTID 仍然可从二维去趋势 VTEC 地图中正确地恢复 TID。

(3) ADDTID 可从具有 30°以上卫星仰角的、地基 GNSS 观测数据的去趋势

VTEC 地图中正确表征 TID。

（4）ADDTID 显示出了对噪声和失真的高鲁棒性，特别是面对低信噪比或存在局部粗差观测数据的去趋势 VTEC 地图。

（5）ADDTID 可确定 TID 的所有波参数，包括波长、传播方位角、传播速度、周期和振幅等。

（6）ADDTID 可同时检测多个类平面波的 TID，而不用预设待求解 TID 的任何波参数或波的数量。

在第 3 章中，我们通过应用 ADDTID 学习研究了 2011 年 3 月 21 日春分日的多 MSTID 参数特征。该学习是通过在大规模密集地基 GNSS 观测网络数据来实现的，以全方面测试 ADDTID 的模型性能。ADDTID 模型可同时检测表征存在的 MSTID 平面波传播参数，其结果显著优于传统的 cGII 方法，且估计的 MSTID 一般特征与先例研究结果具有高一致性[3,6,18-19,54-55,93]。本案例学习对研究季节性 MSTID 的主要贡献可概括为以下几点：

（1）ADDTID 实现了对同时发生的 MSTID 事件的跟踪，即通过对 MSTID 的数量、方位角、速度、振幅和波长等参数的时间变化，建立了对 MSTID 事件传播特征的确定。

（2）ADDTID 自动检测到在夜间和晨昏时分，速度远高于 $400\sim600$ m/s 的一组 MSTID 传播特征。

（3）ADDTID 自动检测到波长、振幅存在显著差异的两组 MSTID 显示出同向或反向传播的特性。

（4）基于平面波模型，ADDTID 自动检测到与小型地震存在时空一致性的圆形波阵面。

（5）ADDTID 模型实现了可以通过建立规则，自动寻找指定 MSTID 传播特征的功能。

在第 4 章中，我们应用 ADDTID 描述了 2017 年 8 月 21 日北美日全食事件期间产生的不同类型和尺度的电离层扰动，并借助去趋势 VTEC 地图快照对结果进行了证实。本工作中，改进的 ADDTID 模型被用于自动表征 TID 扰动参数以及发生的地理位置，见文献[85]。这些扰动表现出丰富的多样性特征，这可能与本影相对于地球表面的投影角度有关，如本影足迹、大小、方位角和速度等的变化。由于 TID 在日全食事件过程中表现出不同的传播模式，TID 研究学习被分为以下几个阶段：

（1）在初亏阶段，即 $50\%\sim75\%$ 遮蔽度半影出现位置，观察到一组突然出现的与季节性特征完全不一致的 TID。这组 TID 自出现后波长便从 1125 km 处开始呈现出整体下降的趋势。

（2）在食既阶段，即本影到达后 4 min 时这些波长值均演化为约 400 km。与此同时，一组新的大尺度 TID 事件突然出现，其表现为类弓形波波阵面，并分别向东南和东北方向传播。这些 TID 显示出与本影运动的方向一致性，这可能由阴影在热层的冷却效应驱动产生。

（3）在复圆阶段，在半影离开的最后阶段，检测到一组波长渐增的 TID 事件。这些 TID，其周期约为从 1～5 h 不等，并在本影离开约 1.5 h 后出现，可能是源于中层大气中弓形波的长周期成分。

（4）ADDTID 检测到的全局 LSTID 传播特征证实了弓形波的可变开角特征，其位置和形状均随阴影运动而快速变化。一个观测事实是，该弓形波的开角在本影中心速度减速到最小时的 3～5 min 后达到最大值，证实了其为直接从热层产生的驱动结果。

（5）ADDTID 检测到具有相似波参数的两个 MSTID，基于不同的发生位置和时间描述了两种弓形波特征。例如，由热层产生的 MSTID 弓形波发生在本影之前，而另外源自中性大气的 MSTID 则出现在本影离开后的半影区域中。

（6）ADDTID 检测到突然出现在半影到达前的一组 MSTID，可能是弓形波的孤子波。

在第 5 章中，我们通过 ADDTID 模型描述了 2011 年第 70 天日本东北地震/海啸期间的复杂电离层扰动的行为特征。同样地，ADDTID 计算结果通过去趋势 VTEC 地图和 Keogram 图进行了确认。一般来说，以 Keogram 图方法为例，地震海啸驱动的扰动传播假设是各向同性的，考虑到地震震中位置和日本海岸的形状分布和地磁场分布，各向同性假设可能并不是一个正确的假设。结果证实，在不假定扰动特征各向同性的情况下，改进的 ADDTID 模型仍可自动跟踪和描述地震和海啸驱动的 TID 参数演变。基于 ADDTID 的精确检测结果，根据参数特征区分 TID 不同来源的方法是可行的。此外，由于 ADDTID 方法的自动检测与快速计算特性，ADDTID 可适用于特定地理区域，作为海啸的早期预警系统使用。在案例中，ADDTID 检测到的电离层扰动根据时间特征可以分为以下两个阶段：

（1）地震发生前，ADDTID 检测到向赤道传播的 TID 显示出与冬季白天典型特征相一致的行为。此外，ADDTID 还发现了一组速度迅速增加的小规模高速西向 TID，这些 TID 最终被认为是气候学结果而不是震前电离层异常。

（2）地震发生后的几个小时内，电离层的响应表现为一组波阵面清晰明显的近同心圆形波,这是由于地震的瑞利波、声波和海啸的重力波驱动的扰动显示出的叠加结果。ADDTID 检测到这些近圆形电离层扰动在传播参数方面表现出三种类型的模式,这与它们不同的起源相对应。特别地,海啸驱动的圆形 TID 在沿震中东向和西向间显示出不同的速度,这与海啸在浅海与深海的不同传播速度分布相一致。此外,这些 TID 在局部地区的速度演变直方图显示了海啸主波阵面到达时的一致性,其可以作为电离层指标来实时跟踪海啸波。

未来我们将探索 ADDTID 波模型的扩展,包括地震海啸驱动的 TID 圆形波或椭圆波,这对完善增强 ADDTID 模型是有意义的。在某些情况下,平面波模型可检测到多个不同的 TID,其方位角模式与球面波一致,这进一步证明了未来工作需要纳入更多波传播模型的必要性。另一方面,我们计划进一步改进 ADDTID 波检测模型,以便更好地描述电离层中弓形波的各种波阵面,同时改进 ADDTID 识别更加复杂扰动特征的能力,以确定波传播参数。改进工作将基于规则和机器学习,用于自动确定多种感兴趣的研究现象。

参 考 文 献

［1］ Hernández-Pajares M. GNSS measurement of EUV photons flux rate during strong and mid solar flares ［J］. Space Weather, 2012, 10(12): 1-16.

［2］ Kremer K. Giant lake geneva tsunami in ad 563 ［J］. Nature Geoscience, 2012, 5(11): 756-757.

［3］ Hernández-Pajares M. Propagation of medium scale traveling ionospheric disturbances at different latitudes and solar cycle conditions ［J］. Radio Science, 2012, 47(6): RS0K05, 01-22.

［4］ Yang H. Multi-TID detection and characterization in a dense global navigation satellite system receiver network ［J］. Journal of Geophysical Research: Space Physics, 2017, 122 (9): 9554-9575.

［5］ Hunsucker R D. Atmospheric gravity waves generated in the high-latitude ionosphere: A review ［J］. Reviews of Geophysics, 1982, 20(2): 293-315.

［6］ Hernández-Pajares M. Medium-scale traveling ionospheric disturbances affecting GPS measurements: Spatial and temporal analysis ［J］. Journal of Geophysical Research: Space Physics (1978—2012), 2006, 111(A7): A07S11, 01-13.

［7］ Hocke K. A review of atmospheric gravity waves and travelling ionospheric disturbances: 1982-1995 ［J］. Annales Geophysicae, 1996, 14(9): 917.

［8］ Kelley M C. On the origin of mesoscale TIDs at midlatitudes ［J］. Annales Geophysicae, 2011, 29(2): 361-366.

［9］ Otsuka Y. Geomagnetic conjugate observations of medium-scale travelling ionospheric disturbances at midlatitude using all-sky airglow imagers ［J］. Geophysical Research Letters, 2004, 31(15): 1-5.

［10］ Mevius M. Probing ionospheric structures using the LOFAR radio telescope ［J］. Radio Science, 2016, 51(7): 927-941.

［11］ Stefanello M B. OI 630. 0 nm all-sky image observations of medium-scale traveling ionospheric disturbances at geomagnetic conjugate points ［J］. Journal of Atmospheric and Solar-Terrestrial Physics, 2015, 128: 58-69.

[12] Chilcote M. Detection of traveling ionospheric disturbances by medium-frequency Doppler sounding using AM radio transmissions [J]. Radio Science, 2015, 50(3): 249-263.

[13] Lee J K. Three-dimensional tomography of ionospheric variability using a dense GPS receiver array [J]. Radio Science, 2008, 43(3): 1-15.

[14] Ssessanga N. Vertical structure of medium-scale traveling ionospheric disturbances [J]. Geophysical Research Letters, 2015, 42(21): 9156-9165.

[15] Chen C H. Medium-scale traveling ionospheric disturbances by three-dimensional ionospheric GPS tomography [J]. Earth, Planets and Space, 2016, 68(1): 1-9.

[16] Saito A. High resolution mapping of TEC perturbations with the GSI GPS network over Japan [J]. Geophysical Research Letters, 1998, 25(16): 3079-3082.

[17] Tsugawa T. Geomagnetic conjugate observations of large-scale traveling ionospheric disturbances using GPS networks in Japan and Australia [J]. Journal of Geophysical Research: Space Physics, 2006, 111(A2): 1-11.

[18] Tsugawa T. Medium-scale traveling ionospheric disturbances observed by GPS receiver network in Japan: A short review [J]. GPS Solutions, 2007, 11(2): 139-144.

[19] Tsugawa T. Medium-scale traveling ionospheric disturbances detected with dense and wide TEC maps over North America [J]. Geophysical Research Letters, 2007, 34(22): 1-5.

[20] Shiokawa K. Statistical study of nighttime medium-scale traveling ionospheric disturbances using midlatitude airglow images [J]. Journal of Geophysical Research: Space Physics (1978—2012), 2003, 108(A1): 1-7.

[21] Ogawa T. Medium-scale traveling ionospheric disturbances observed with the SuperDARN Hokkaido radar, all-sky imager, and GPS network and their relation to concurrent sporadic E irregularities [J]. Journal of Geophysical Research: Space Physics, 2009, 114(A3): 1-15.

[22] Ding F. Climatology of medium-scale traveling ionospheric disturbances observed by a GPS network in central China [J]. Journal of Geophysical Research: Space Physics, 2011, 116(A9): 1-11.

[23] Huang F. Statistical analysis of nighttime medium-scale traveling ionospheric disturbances using airglow images and GPS observations over central China [J]. Journal of Geophysical Research: Space Physics, 2016, 121(9): 8887-8899.

[24] Deng Z. Medium-scale traveling ionospheric disturbances (MSTID) modeling using a dense German GPS network [J]. Advances in Space Research, 2013, 51(6): 1001-1007.

[25] Hernández-Pajares M. Direct MSTID mitigation in precise GPS processing [J]. Radio Science, 2017, 52(3): 321-337.

[26] Chen S S. Atomic decomposition by basis pursuit [J]. SIAM review, 2001, 43(1): 129-159.

[27] Tibshirani R. Regression shrinkage and selection via the lasso [J]. Journal of the Royal Statistical Society Series B (Methodological), 1996, 58(1): 267-288.

[28] Hernández-Pajares M. Improving the real-time ionospheric determination from GPS sites at very long distances over the equator [J]. Journal of Geophysical Research: Space Physics (1978—2012), 2002, 107(A10): SIA-10.

[29] Kouba J. Precise point positioning using IGS orbit and clock products [J]. GPS solutions, 2001, 5(2): 12-28.

[30] Hernández-Pajares M. The IGS VTEC maps: a reliable source of ionospheric information since 1998 [J]. Journal of Geodesy, 2009, 83(3-4): 263-275.

[31] Hernández-Pajares M. The ionosphere: effects, GPS modeling and the benefits for space geodetic techniques [J]. Journal of Geodesy, 2011, 85(12): 887-907.

[32] Dow J M. The international GNSS service in a changing landscape of global navigation satellite systems [J]. Journal of Geodesy, 2009, 83(3-4): 191-198.

[33] Duda R O. Use of the Hough transformation to detect lines and curves in pictures [J]. Communications of the ACM, 1972, 15(1): 11-15.

[34] Hyvrinen A. Independent component analysis [M]. New Jersey: John Wiley \ & Sons, 2004.

[35] Rasmussen C E. Gaussian Processes for Machine Learning (Adaptive Computation and Machine Learning) [M]. Cambridge: The MIT Press, 2005.

[36] Hastie T. The elements of statistical learning: data mining, inference and prediction [M]. New York: Springer, 2005.

[37] Hastie T. Statistical learning with sparsity: the lasso and generalizations [M]. New York: CRC Press, 2015.

[38] Efron B. Least angle regression [J]. The Annals of Statistics, 2004, 32(2): 407-499.

[39] Wright J. Robust face recognition via sparse representation [J]. Pattern Analysis and Machine Intelligence, IEEE Transactions on, 2009, 31(2): 210-227.

[40] Candes E J. Enhancing sparsity by reweighted 1 minimization [J]. Journal of Fourier analysis and applications, 2008, 14(5-6): 877-905.

[41] Fischler M A. Random sample consensus: a paradigm for model fitting with applications to image analysis and automated cartography [J]. Communications of the ACM, 1981, 24 (6): 381-395.

[42] Sagiya T. A decade of GEONET: 1994—2003 [J]. Earth, Planets and Space, 2004, 56 (8): xxix-xli.

[43]　Kotake N. Statistical study of medium-scale traveling ionospheric disturbances observed with the GPS networks in Southern California [J]. Earth, Planets and Space, 2007, 59 (2): 95-102.

[44]　Afraimovich E L. MHD nature of night-time MSTIDs excited by the solar terminator [J]. Geophysical Research Letters, 2009, 36(15): 1-5.

[45]　Oinats A V. Statistical study of medium-scale traveling ionospheric disturbances using SuperDARN Hokkaido ground backscatter data for 2011 [J]. Earth, Planets and Space, 2015, 67(1): 1-9.

[46]　Information U S N N C f E. National Geophysical Data Center / World Data Service: Global Significant Earthquake Database [EB/OL]. http://dx. doi. org/10. 7289/ V5TD9V7K, 2013-03-11/2019-03-07.

[47]　Information U S N N C f E. National Geophysical Data Center / World Data Service: Global Historical Tsunami Database [EB/OL]. http://dx. doi. org/10. 7289/ V5PN93H7, 2013-03-11/2019-03-07.

[48]　Information U S N N C f E. Geomagnetic Data [EB/OL]. https://www. ngdc. noaa. gov/ geomag/data. shtml, 2013-03-21/2019-03-07.

[49]　Information U S N N C f E. Solar Data Services: Sun, solar activity and upper atmos-phere data [EB/OL]. https://www. ngdc. noaa. gov/stp/solar/solardataservices. html, 2013-03-21/2016-07-20.

[50]　Bilitza D. International Reference Ionosphere 2016: From ionospheric climate to real-time weather predictions [J]. Space Weather, 2017, 15(2): 418-429.

[51]　Center U S N s C C M. International Reference Ionosphere 2016 Database [EB/OL]. https://ccmc. gsfc. nasa. gov/modelweb/models/iri2016_vitmo. php, 2014-01-15/2019-03-01.

[52]　Otsuka Y. Statistical study of medium-scale traveling ionospheric disturbances observed with a GPS receiver network in Japan [M]//Aeronomy of the Earth's Atmosphere and Ionosphere. New York: Springer, 2011: 291-299.

[53]　Tsugawa T. Ionospheric disturbances detected by GPS total electron content observation after the 2011 off the Pacific coast of Tohoku Earthquake [J]. Earth, Planets and Space, 2011, 63(7): 875-879.

[54]　Jacobson A R. Observations of traveling ionospheric disturbances with a satellite-beacon radio interferometer: Seasonal and local time behavior [J]. Journal of Geophysical Research: Space Physics (1978—2012), 1995, 100(A2): 1653-1665.

[55]　Otsuka Y. GPS observations of medium-scale traveling ionospheric disturbances over Europe [J]. Annales Geophysicae, 2013, 31(2): 163-172.

[56] Salah J E. Observations of the May 30, 1984, annular solar eclipse at Millstone Hill [J]. Journal of Geophysical Research: Space Physics, 1986, 91(A2): 1651-1660.

[57] Stankov S M. Multi-instrument observations of the solar eclipse on 20 March 2015 and its effects on the ionosphere over Belgium and Europe [J]. Journal of Space Weather and Space Climate, 2017, 7: A19.

[58] Coster A J. GNSS observations of ionospheric variations during the 21 August 2017 solar eclipse [J]. Geophysical Research Letters, 2017, 44(24): 12041-12048.

[59] Hernández-Pajares M. Precise ionospheric electron content monitoring from single-frequency GPS receivers [J]. GPS Solutions, 2018, 22(4): 102.

[60] Le H. The ionospheric responses to the 11 August 1999 solar eclipse: observations and modeling [J]. Annales geophysicae: atmospheres, hydrospheres and space sciences, 2008, 26(1): 107-116.

[61] Chimonas G. Atmospheric gravity waves induced by a solar eclipse [J]. Journal of Geophysical Research, 1970, 75(4): 875-875.

[62] Chimonas G. Internal gravity-wave motions induced in the Earth atmosphere by a solar eclipse [J]. Journal of Geophysical Research, 1970, 75(28): 5545-5551.

[63] Fritts D C. Gravity wave forcing in the middle atmosphere due to reduced ozone heating during a solar eclipse [J]. Journal of Geophysical Research: Atmospheres, 1993, 98 (D2): 3011-3021.

[64] Eckermann S D. Atmospheric effects of the total solar eclipse of 4 December 2002 simulated with a high-altitude global model [J]. Journal of Geophysical Research: Atmospheres, 2007, 112(D14): 1-22.

[65] Davis M J. Possible detection of atmospheric gravity waves generated by the solar eclipse [J]. Nature, 1970, 226(5251): 1123.

[66] Cheng K. Ionospheric effects of the solar eclipse of September 23, 1987, around the equatorial anomaly crest region [J]. Journal of Geophysical Research: Space Physics, 1992, 97(A1): 103-111.

[67] Zerefos C S. Evidence of gravity waves into the atmosphere during the March 2006 total solar eclipse [J]. Atmospheric Chemistry and Physics, 2007, 7(18): 4943-4951.

[68] Liu J Y. Bow and stern waves triggered by the Moon's shadow boat [J]. Geophysical Research Letters, 2011, 38(17): 1-4.

[69] Zhang S R. Ionospheric bow waves and perturbations induced by the 21 August 2017 solar eclipse [J]. Geophysical Research Letters, 2017, 44(24): 12067-12073.

[70] Nayak C. GPS-TEC observation of gravity waves generated in the ionosphere during 21 August 2017 total solar eclipse [J]. Journal of Geophysical Research: Space Physics,

2018，123(1)：725 738.

[71] Sun Y Y. Ionospheric bow wave induced by the moon shadow ship over the continent of United States on 21 August 2017 [J]. Geophysical Research Letters，2018，45(2)：538-544.

[72] Huba J D. SAMI3 prediction of the impact of the 21 August 2017 total solar eclipse on the ionosphere/plasmasphere system [J]. Geophysical Research Letters，2017，44(12)：5928-5935.

[73] McInerney J M. Simulation of the 21 August 2017 solar eclipse using the whole atmos-phere community climate model-extended [J]. Geophysical Research Letters，2018，45(9)：3793-3800.

[74] Wu C. GITM-Data comparisons of the depletion and enhancement during the 2017 Solar e-clipse [J]. Geophysical Research Letters，2018，45(8)：3319-3327.

[75] Reinisch B W. Investigation of the electron density variation during the 21 August 2017 solar eclipse [J]. Geophysical Research Letters，2018，45(3)：1253-1261.

[76] Bullett T. Vertical and oblique ionosphere sounding during the 21 August 2017 Solar eclipse [J]. Geophysical Research Letters，2018，45(8)：3690-3697.

[77] Snay R A. Continuously operating reference station (CORS)：history，applications，and future enhancements [J]. Journal of Surveying Engineering，2008，134(4)：95-104.

[78] Information U S N N C f E. Geomagnetic Data [EB/OL]. https://www. ngdc. noaa. gov/geomag/data. shtml，2013-03-11/2019-03-07.

[79] Geomagnetism J W D C f. Auroral electrojet activity index [EB/OL]. http://wdc. kugi. kyoto-u. ac. jp/ae_provisional/201708/index_20170821. html，2017-08-21/2018-10-14.

[80] Information U S N N C f E. Solar Data Services：Sun，solar activity and upper atmos-phere data [EB/OL]. https://www. ngdc. noaa. gov/stp/solar/solardataservices. html，2013-03-11/2019-03-07.

[81] Information U S N N C f E. National Geophysical Data Center / World Data Service：Global Significant Earthquake Database [EB/OL]. http://dx. doi. org/10. 7289/V5TD9V7K，2013-03-21/2019-03-07.

[82] Information U S N N C f E. National Geophysical Data Center / World Data Service：Global Historical Tsunami Database [EB/OL]. http://dx. doi. org/10. 7289/V5PN93H7，2013-03-21/2019-03-07.

[83] Montenbruck O. Astronomy on the personal computer [M]. New York：Springer，2013.

[84] Andrews R W. Introduction to the open source PV LIB for python photovoltaic system modelling package[C]. Denver CO USA：2014 IEEE 40th Photovoltaic Specialist Confer-ence (PVSC)，2014：0170-0174.

[85] Yang H. Detection and description of the different ionospheric disturbances that appeared during the Solar eclipse of 21 August 2017 [J]. Remote Sensing, 2018, 10 (11): 1710-1723.

[86] Kazadzis S. Effects of total Solar eclipse of 29 March 2006 on surface radiation [J]. Atmospheric Chemistry and Physics, 2007, 7(22): 5775-5783.

[87] Mller-Wodarg I C F. Effects of a mid-latitude Solar eclipse on the thermosphere and ionosphere-A modelling study [J]. Geophysical Research Letters, 1998, 25(20): 3787-3790.

[88] Tsugawa T. A statistical study of large-scale traveling ionospheric disturbances using the GPS network in Japan [J]. Journal of Geophysical Research: Space Physics, 2004, 109 (A6): 1-11.

[89] Chimonas G. Atmospheric gravity waves launched by auroral currents [J]. Planetary and Space Science, 1970, 18(4): 565-582.

[90] Kotake N. Climatological study of GPS total electron content variations caused by medium-scale traveling ionospheric disturbances [J]. Journal of Geophysical Research: Space Physics, 2006, 111(A4): 1-8.

[91] Yang H. ADDTID: An alternative tool for studying earthquake/tsunami signatures in the ionosphere. Case of the 2011 Tohoku earthquake [J]. Remote Sensing, 2019, 11 (16): 1894.

[92] Hines C O. Gravity waves in the atmosphere [J]. Nature, 1972, 239: 73-78.

[93] Peltier W R. On the possible detection of tsunamis by a monitoring of the ionosphere [J]. Journal of Geophysical Research, 1976, 81(12): 1995-2000.

[94] Artru J. Ionospheric detection of gravity waves induced by tsunamis [J]. Geophysical Journal International, 2005, 160(3): 840-848.

[95] Artru J. Tsunami detection in the ionosphere [J]. Space Research Today, 2005, 163: 23-27.

[96] Liu J Y. Giant ionospheric disturbances excited by the M9.3 Sumatra earthquake of 26 December 2004 [J]. Geophysical research letters, 2006, 33(2): 1-3.

[97] Lee M C. Did tsunami-launched gravity waves trigger ionospheric turbulence over Arecibo? [J]. Journal of Geophysical Research: Space Physics, 2008, 113(A1): 1-15.

[98] Occhipinti G. Three-dimensional waveform modeling of ionospheric signature induced by the 2004 Sumatra tsunami [J]. Geophysical research letters, 2006, 33(20): 1-5.

[99] Occhipinti G. Geomagnetic dependence of ionospheric disturbances induced by tsunamigenic internal gravity waves [J]. Geophysical Journal International, 2008, 173 (3): 753-765.

[100] Mai C L. Modeling of ionospheric perturbation by 2004 Sumatra tsunami [J]. Radio Sci-

ence, 2009, 44(3): 1-17.

[101] Hickey M P. Propagation of tsunami-driven gravity waves into the thermosphere and ionosphere [J]. Journal of Geophysical Research: Space Physics (1978—2012), 2009, 114(A8): 1-15.

[102] Rolland L M. Ionospheric gravity waves detected offshore Hawaii after tsunamis [J]. Geophysical Research Letters, 2010, 37(17): 1-6.

[103] Reddy C D. Ionospheric Plasma Response to Mw8. 3 Chile Illapel Earthquake on September 16, 2015 [M]//Braitenberg. The Chile—2015 (Illapel) Earthquake and Tsunami. Cham, Switzerland: Springer. 2017: 145-155.

[104] Grawe M A. Observation of tsunami-generated ionospheric signatures over Hawaii caused by the 16 September 2015 Illapel earthquake [J]. Journal of Geophysical Research: Space Physics, 2017, 122(1): 1128-1136.

[105] Rolland L M. The resonant response of the ionosphere imaged after the 2011 off the Pacific coast of Tohoku Earthquake [J]. Earth, Planets and Space, 2011, 63(7): 62.

[106] Liu J Y. Ionospheric disturbances triggered by the 11 March 2011 M9. 0 Tohoku earthquake [J]. Journal of Geophysical Research: Space Physics, 2011, 116(A6): 1-5.

[107] Saito A. Acoustic resonance and plasma depletion detected by GPS total electron content observation after the 2011 off the Pacific coast of Tohoku Earthquake [J]. Earth, Planets and Space, 2011, 63(7): 863-867.

[108] Galvan D A. Ionospheric signatures of Tohoku-Oki tsunami of March 11, 2011: Model comparisons near the epicenter [J]. Radio Science, 2012, 47 (RS4003): RS4003, 4001-4010.

[109] Maruyama T. Ionospheric multiple stratifications and irregularities induced by the 2011 off the Pacific coast of Tohoku Earthquake [J]. Earth, Planets and Space, 2011, 63(7): 65.

[110] Matsumura M. Numerical simulations of atmospheric waves excited by the 2011 off the Pacific coast of Tohoku Earthquake [J]. Earth, Planets and Space, 2011, 63(7): 68.

[111] Makela J J. Imaging and modeling the ionospheric airglow response over Hawaii to the tsunami generated by the Tohoku earthquake of 11 March 2011 [J]. Geophysical Research Letters, 2011, 38(24): 1-5.

[112] Occhipinti G. Three-dimensional numerical modeling of tsunami-related internal gravity waves in the Hawaiian atmosphere [J]. Earth, Planets and Space, 2011, 63(7): 61.

[113] Ports J M N O W i n f. Waveform measurements of GPS buoys, coastal wave gauges and tide gauges for the tsunami triggered by 2011 Mw9. 1 Tohoku earthquake [EB/OL]. https://nowphas. mlit. go. jp/prg/pastdata/static/sub311. htm, 2011-03-11/2018-09-01.

[114] Center U S N N D B. Waveform measurements of DART for the tsunami triggered by 2011 Mw9.1 Tohoku earthquake [EB/OL]. https://www.ndbc.noaa.gov/obs.shtml, 2011-03-11/2018-09-01.

[115] Mori N. Nationwide post event survey and analysis of the 2011 Tohoku earthquake tsunami [J]. Coastal Engineering Journal, 2012, 54(01): 1250001-1-1250001-7.

[116] Fujii Y. Tsunami source of the 2011 off the Pacific coast of Tohoku Earthquake [J]. Earth, Planets and Space, 2011, 63(7): 812-820.

[117] Satake K. Time and space distribution of coseismic slip of the 2011 Tohoku earthquake as inferred from tsunami waveform data [J]. Bulletin of the Seismological Society of America, 2013, 103(2B): 1473-1492.

[118] Chen C H. Long-distance propagation of ionospheric disturbance generated by the 2011 off the Pacific coast of Tohoku Earthquake [J]. Earth, Planets and Space, 2011, 63(7): 67.

[119] Survey U S G. Earthquake Lists, Maps, and Statistics [EB/OL]. https://earthquake.usgs.gov/earthquakes, 2011-03-21/2019-04-08.

[120] Song Y T. Merging tsunamis of the 2011 Tohoku-Oki earthquake detected over the open ocean [J]. Geophysical Research Letters, 2012, 39(5):

[121] Freegarde T. Sinusoidal waveforms [M]//Introduction to the Physics of Waves. Cambridge: Cambridge University Press. 2012: 47-62.

[122] Heki K. Ionospheric electron enhancement preceding the 2011 Tohoku-Oki earthquake [J]. Geophysical Research Letters, 2011, 38(L17312): L17312, 17311-17315.

[123] Kamogawa M. Is an ionospheric electron enhancement preceding the 2011 Tohoku-Oki earthquake a precursor? [J]. Journal of Geophysical Research: Space Physics, 2013, 118(4): 1751-1754.